벌집은 왜 육각형일까?

벌집은 왜 육각형일까?

황 연 지음

시그마북스
Sigma Books

벌집은 왜 육각형일까?

발행일 2024년 10월 18일 초판 1쇄 발행
지은이 황연
발행인 강학경
발행처 시그마북스
마케팅 정제용
에디터 최윤정, 최연정, 양수진
디자인 김문배, 정민애, 강경희

등록번호 제10-965호
주소 서울특별시 영등포구 양평로 22길 21 선유도코오롱디지털타워 A402호
전자우편 sigmabooks@spress.co.kr
홈페이지 http://www.sigmabooks.co.kr
전화 (02) 2062-5288~9
팩시밀리 (02) 323-4197
ISBN 979-11-6862-280-7 (03500)

* 시그마북스는 (주) 시그마프레스의 단행본 브랜드입니다.

서문

어릴 때 나는 '동물의 왕국'이란 프로그램을 무척 즐겁게 보았습니다. 방송 중 "우~~~와~~~우우"하면서 나오는 음악이 매혹적으로 다가와, 나도 모르게 화면 속으로 빠져들곤 했습니다. 당시 나는 여느 또래의 아이들과 같이 가장 좋아하는 프로그램은 만화영화였지만, 동물의 왕국에 나도 모르게 빠져들었다는 점이 매우 의아했습니다. 야생의 동물이 등장하는 영상은 언제든지 나의 관심과 흥미의 대상이었습니다. 지금도 마찬가지입니다. 인간과 교감하는 동물, 멸종 위기에 처한 동물, 너무나 희귀한 동물 등등, 그들이 사는 일상생활뿐만 아니라 인간 사회를 뺨치는 생존을 위한 갈등과 투쟁, 다양한 서사를 만나다 보면 갈등과 투쟁의 다양한 이야기는 웬만한 드라마 못지않은 감동을 우리들에게 줍니다.

나는 양봉에 관심이 많습니다. 벌이라는 곤충은 들여다볼수록 매력덩어리입니다. 양봉장에서 사용하는 여러 도구나 장비를 보던

중에 벌이 집을 짓게 도와주는 소초광이라는 물건이 내 눈에 들어왔습니다. 소초광은 파라핀 재질의 얇은 판에 벌집의 크기와 꼭 맞는 육각형 패턴을 새긴 것으로 벌이 집을 수월하게 짓는 데 도움을 줍니다. 벌은 많은 시간과 노동력을 육아와 집짓기에 사용합니다. 소초광은 벌들이 육아와 집짓기에 사용하는 노동력을 절감시켜주어, 더 많은 꿀을 따오도록 유도합니다. 그러나 애초에 벌들은 소초광의 도움 없이 육각형으로 집을 지었습니다. 그것도 매우 정확하게. '벌은 어떻게 자신들의 아름다운 육각형 집을 지을 수 있는가?' 이 궁금증이 책을 쓰게 된 동기입니다. 그리고 벌집에 관한 자료를 모으면서 내가 전공한 '재료과학'의 원리가 작동하고 있음을 알게 되었습니다. 더 나아가서 벌집 이외에도 재료과학의 원리가 작동하는 수많은 경우들을 발견했습니다. 대상을 동식물로 확대해 자료를 모아보니 대략 20여 생물이 눈에 들어왔습니다. 이를 간추려서 열 가지의 주제로 나누어 정리했습니다.

그동안 여러 과학분야에서 다양한 관점에서 생물에 관해 다루려는 시도가 있었던 것 또한 사실입니다. 이러한 대부분의 시도들은 주로 모방과 신제품개발에 초점을 맞추고 있습니다. 생물이 지닌 특징들을 알아내어, 그것을 활용해 인간생활에 필요한 제품개발을 하는 것에 집중했습니다. 예를 들어 '생체모방biomimic' 기술에는 생물이 지닌 기능에 관한 기본원리가 작동하고 있습니다. 이러한 생물이 지닌 기초원리에 대한 이해 없이는 더 복잡하고 다양한 생물들이 지닌 기능들을 이해할 수 없습니다. 이 책에서는 이러한 사실에 주목해 열 개의 생물들을 예로 들고자 합니다. 각 꼭지별로 한 생물의 특성을 먼저 기술하고, 이 특성에서 볼 수 있는 재료과학의 기본원리를 찾아 간략하고 명료하게 설명할 것입니다. 따라서 이 책은 재료공학과 관련해 총 열 개의 꼭지에서 설명된 열 개의 생물들에 관한 이야기를 다루고 있습니다. 생물의 놀라운 기능을 모방한 제품에 관한 설명보다는 그 기능 안에 내재된 과학 원리에 충실하고자 했습니다.

재료과학이란 물질을 합성하고, 만들어진 제품(정확히는 소자)의 물리화학적 물성을 규명하는 과학기술의 한 분야입니다. 재료과학은 어떤 제품을 제조하는 데 기여하므로 공학에 속합니다. 그러나 재료과학은 물질의 근본을 알지 못하면 물성을 이해할 수 없기 때문에 이 점에서 과학이기도 합니다. 따라서 재료과학은 물리, 화학, 전기/전자, 기계 등의 분야를 넘나듭니다. 많은 교양과학 서적에서 전문 용어 해설은 한두 줄의 문장에 그칩니다. 깊이 들어가면 내용이 복잡해지고, 이해하기 어려워지기 때문입니다. 그러나 이 책에서는 각 장마다 과학 용어를 가급적 충실하게, 그리고 쉽게 설명하고자 노력했습니다. 물론 이를 읽지 않아도 본문을 이해하는 데 큰 어려움은 없을 것입니다. 다만 우리가 평소에 자주 접하던 생물들이 어떤 재료과학적 원리에 도움을 받고 있는가를 들여다보는 계기가 된다면 더 이상의 바람이 없겠습니다.

그동안 각종 전공서를 집필해왔습니다만, 교양과학서는 처음 도전하는 일입니다. 여러모로 부족한 원고를 접하시고 흔쾌히 출판을 허락하신 시그마북스의 강학경 대표님께 깊은 감사를 드립니다. 그리고 예쁜 디자인의 책이 만들어지기까지 수고를 아끼지 않은 편집국 여러분께 감사드립니다. 이 책이 과학에 대한 호기심을 일으키는 출발점이 된다면 매우 즐거운 일일 것입니다.

황연

차례

제 4 장 소리로 이미지 그리기

제 5 장 물방울 굴리기

제 6 장 끈끈이

제 7 장 소총수의 고뇌

제 8 장 투명 털옷

제 9 장 윙슈트

제 10 장 얼어붙은 눈물

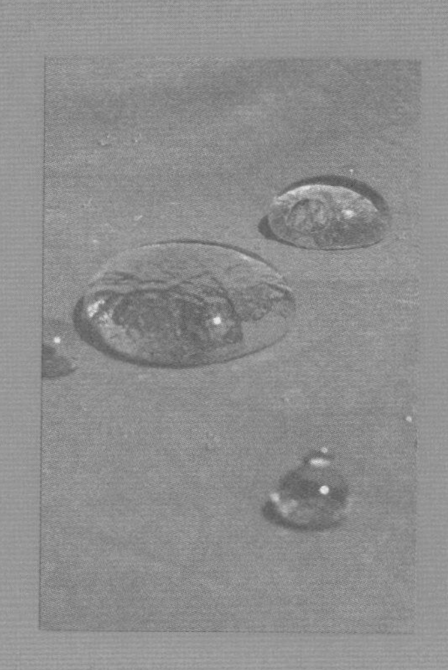

MATERIALS
SCIENCE

제 1 장 육각형 집

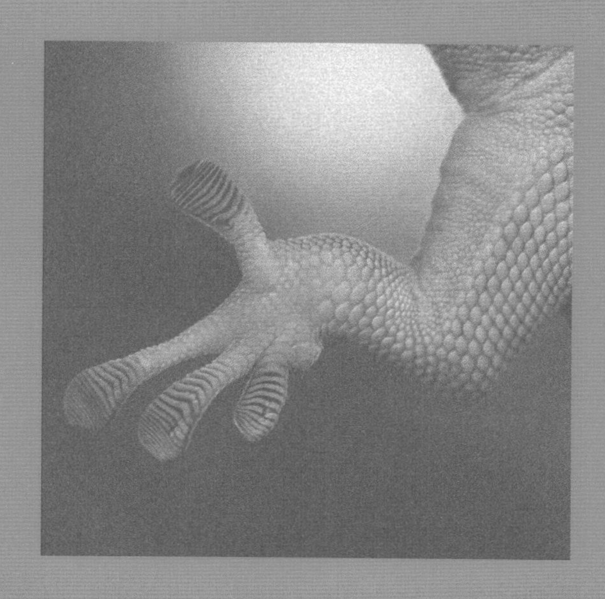

꿀벌 군집

꿀벌은 경이로운 곤충이다. 여기서 '경이'라는 말은 벌 하나하나의 개체와 집단 모두에 해당한다. 꿀벌 한 마리는 하루에 수 킬로미터 정도의 거리를 3회에서 10회 왕복을 하고, 10일에서 20일 동안 꿀 수집 작업을 한다. 1회 작업으로 꿀주머니에 20에서 40밀리그램의 꽃꿀을 채워서 나른 결과, 하나의 군집colony은 적게는 30에서 많게는 800킬로그램의 꿀을 수확한다. 군집에 게으른 벌과 일중독 벌이 공존하지만 어쨌든 꿀벌은 부지런한 곤충의 대명사다. 꽃이 피는 유밀기에 꿀과 화분을 채집하는 중노동을 한 결과 일벌의 수명은 40여 일밖에 안 된다. 그런데 일벌은 모두 암컷이다. 수벌drone은 일벌보다 덩치가 더 크지만 꿀이나 화분 채집에 전혀 기여하지 않고 오로지 여왕벌과의 교미만을 위해 존재한다.

'초개체 포유동물'이라는 용어로 축약할 수 있는 군집의 특징을 살펴보면 꿀벌 집단이 왜 경이로운 생물인지 실감할 수 있다. 꿀벌 군집은 포유동

사진 1-1 꽃을 찾은 꿀벌

물과 매우 유사한 지점이 많다.[1)] 우선, 포유동물은 자궁이라는 안전한 환경에서 자손을 번식하는데, 꿀벌은 군집을 구성해 '사회적 자궁'을 이룸으로써 유충을 안전하게 양육한다. 둘째, 포유동물의 암컷은 젖샘에서 젖을 분비해 자손을 양육하고, 암컷인 일벌은 애벌레와 여왕에게 먹일 로얄젤리 royal jelly를 분비한다. 셋째, 포유동물은 타 동물에 비해 커다란 두뇌를 가지고 있어서 뛰어난 학습 능력과 인지 능력을 소유하는데, 꿀벌 집단의 학습 능력과 인지 능력은 포유동물을 능가할 정도이며 무척추동물 중 최상이다. 넷째, 꿀벌 집단은 체온을 섭씨 35도로 일정하게 유지한다. 군집에서 벗어난 꿀벌은 항상성homeostasis을 유지하기가 불가능해 곧 죽음에 이른다. 포유동물도 체온을 유지하지 못하면 죽는다. 여기서 꿀벌의 항상성이란 통상 체내의 내적 상태를 일정하게 조절하는 기능을 뛰어넘어 벌 자신의 외부 환경이라고 할 수 있는 꿀벌 군집의 항상성을 의미하므로 매우 독특하다. 마지막으로, 포유동물의 번식력이 낮은 것처럼 꿀벌도 마찬가지다. 꿀벌 군집은 일 년에 몇 안 되는 여왕벌을 배출할 뿐이며, 여왕벌과 수벌은 각각 포유동물의 난자와 정자를 제공하는 기관을 담당한다. 포유동물의 몸에 해당하는 것은 수많은 일벌들이다.

벌집

꿀벌 군집의 생물학적 특성은 여기서 접어두고 재료과학과의 접점을 찾아보자면 무엇보다 벌집이 눈에 띈다. 벌집은 앞서 설명한 대로 군집의 항상성을 유지시키는 경계를 구축한다. 벌집은 포유류의 신체 기관처럼 특정한 기능을 담당하고 있고, 따라서 꿀벌 군집의 생존에 필수 불가결한 구성물이다. 사진 1-2에서 보는 바와 같이 벌집은 매우 균일한 크기의 육각형 모양이다. 벌집의 재료는 일벌의 배 밑에서 분비되는 천연 밀랍beeswax으로, 꿀벌

사진 1-2 육각형 구조를 가진 꿀벌집(왼쪽)과 일정한 간격으로 나란히 매달린 벌집(오른쪽)

왼쪽 소방 안에 알과 애벌레가 보인다. 소방의 끝부분은 벽보다 두껍게 마감되어 있다. 양봉에서 소초광 수매를 넣은 양봉통이 하나의 군집을 이루는데, 번식이 활발해 통이 비좁아지면 벌들이 외부로 나와서 오른쪽 사진에 보이는 것과 같이 집을 짓는다.

은 군집이 거주할 집을 체내에서 생산한 재료로 충당해 정교한 집을 짓는다. 말벌은 나무를 씹어뱉어서 만든 일종의 종이를 건축 재료로 사용하기 때문에 꿀벌집에 비해 정교함이 떨어진다. 수직으로 지어진 벌집의 양쪽 면으로 소방(애벌레를 키우고 식량을 저장하는 육각형의 공간)이 들어서고, 이웃한 벌집 사이의 간격은 8~10밀리미터를 유지한다. 이 정도 간격이면 평행하게 이웃한 벌집의 벌들이 서로 등을 마주한 채 이동하기에 충분하다. 저장한 꿀이 흘러나가지 않도록 소방의 입구는 10도 정도 약간 위쪽을 향한다.

꿀벌의 관절에는 감각을 느끼는 털이 있어서 상대적인 움직임에 대해 자극을 받는다. 어두운 벌통 안에서 시력은 벌집을 짓는 데 도움이 되지 못한다. 벌집 방의 얇은 벽의 입구쪽 끝은 약간 두텁게 마감되어 있고, 개별 소방 벽의 두께는 0.07밀리미터이며, 매끈한 벽 사이의 각도는 120도다. 매우 규칙적인 외관은 고대로부터 많은 학자를 매료시켰으며, 그들은 심지어 벌들에게 수학적인 이해 능력이 있다고까지 상상했다.

육각형 구조는 공학을 모르는 사람에게도 튼튼한 구조로 보이는데, 실제로도 그렇다. 그림 1-1을 보자. 동일한 다각형을 조립해 만들 수 있는 규칙적인 배열은 삼각형, 정사각형, 육각형 등 세 종류의 형태밖에 없다. 육각형 구조는 무게 대비 **강도**strength가 가장 높다. 이러한 구조를 벌집 이름에서 빌려와 하니콤 구조honeycomb structure라고 부르고, 경량이면서도 높은 강도가 필요한 각종 구조물에 이용하고 있다. 예를 들어, 비행기 날개의 내부에 하니콤 구조를 설치해 비행기의 날개가 큰 양력을 받을 때 너무 많이 휘어지지 않도록 **굽힘 강성**bending stiffness을 부여한다(그림 1-2).

그런데 과연 꿀벌은 벌집의 강도를 고려해 육각형 집을 짓는 것일까? 그

그림 1-1 정삼각형, 정사각형, 정육각형이 반지름 a인 원을 접하는 모습

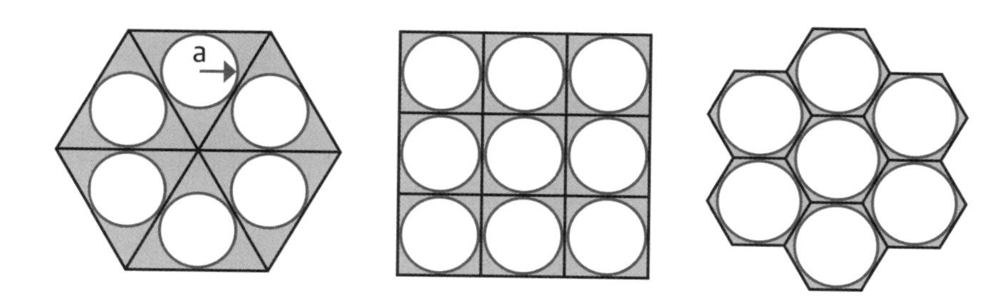

어두운 부분은 사실상 필요 없는 잉여 공간이다.

그림 1-2 비행기 날개 내의 하니콤 구조

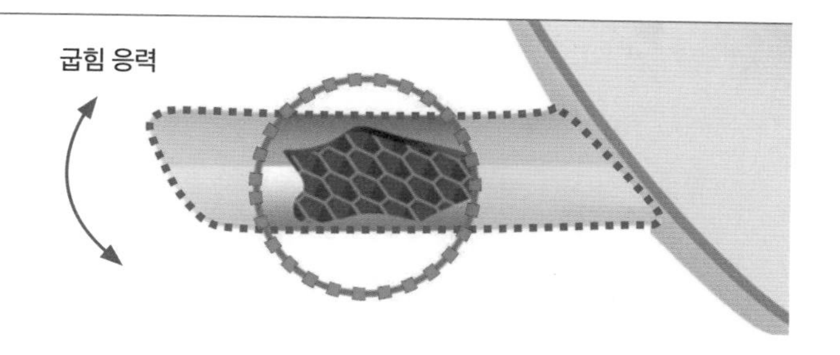

림 1-1을 다시 보자. 여왕벌이 산란하거나 일벌이 꿀이나 화분을 채워 넣는데 필요한 공간을 반지름이 a인 원으로 표시하면 소방 내에서 낭비되는 공간을 최소화해 실제로 사용하는 공간을 최대로 확보하는 구조가 육각형임을 알 수 있다. 즉, 육각형 구조는 최소한의 재료를 사용해 단위면적당 가장 많은 방을 건설하는 방법인 것이다. 이는 매우 중요한 사실인데, 일벌이 집을 지을 때 밀랍을 생산하기 위해서는 저장된 식량을 축내야 하고, 육체적

으로도 지극히 소모적인 작업을 감내해야 하기 때문이다.

그런데 일벌은 어떻게 알고 이러한 육각형 구조로 집을 짓는 것일까? 결론부터 말하자면 벌이 과학을 알고 하는 행위는 아니지만, 벌집의 구조는 일정 부분 재료과학의 원리로부터 도움을 받는다.

밀랍

우리가 주목할 것은 벌집의 재료인 밀랍이다. 밀랍은 일벌이 꽃으로부터 모은 당에 효소가 작용해 체내에서 생성한 고형 지방이다. 밀랍은 화장품, 식품 공학, 의약 등 각종 산업에 이용되고 있다. 밀랍은 다양한 화학 성분으로 구성되는데, 가장 많이 함유된 순서대로 주요한 성분만 기술하자면 모노에스터monoester, 탄화수소hydrocarbon, 다이에스터diester, 유리산free acid, 하이드록시 폴리에스터hydroxypolyester 등이고, 이외에도 여러 물질이 혼재되어 있다.[2)] 이들은 긴 탄소 사슬carbon chain 형태를 지닌 분자들로, 탄소의 개수는 C_{16}부터 C_{95}까지 다양하다. 모든 탄소의 95% 이상은 메틸렌(CH_2) 사슬로 연결된다.

그런데 어떤 재료의 성질을 결정하는 요소에는 이와 같은 화학 물질의 종류뿐 아니라, 이들 물질이 공간에서 조합되는 방식도 관여된다. 예를 들면, A라는 원자 또는 분자가 3차원 공간에서 입방cubic 구조로 결합하는지 또는 육방hexagonal 구조로 결합하는지에 따라 물성이 달라진다. 벌은 주위 온도와 관계없이 밀랍을 용융된 상태로 배출한다. 배출된 밀랍은 냉각되면서 약 56%가 **결정화**crystallization된다. 나머지는 액체의 구조와 유사한 **무정형**

amorphous 구조로 존재한다. 주로 탄화수소와 모노에스터는 결정화된 형태로 존재하고, 유리산과 다이에스터는 무정형 구조를 가진다.

결정crystalline이란 무수히 많은 원자가 3차원으로 결합될 때 그 배열의 특징이 어디서나 동일한 구조를 말한다. 그 반면에 무정형은 배열 방식이 일정하지 않아서 그 구조를 3차원적으로 묘사할 수 없고 국부적으로만 정의되는 구조다. 재료과학자는 어떤 수단으로 결정질과 무정형을 구분할까? 가장 빈번하게 동원하는 분석 도구는 **엑스선 회절법**X-ray diffraction이다. 엑스선의 파장은 원자간 결합 거리와 비슷해서 엑스선은 결정의 특정한 방향으로 배열된 면으로부터 **보강 간섭**constructive interference을 일으키는데, 간섭이 일어나는 각도를 측정하면 원자의 배열을 추적할 수 있다. 무정형 구조는 장거리 질서가 없어서 보강 간섭을 발생시키지 못한다.

밀랍을 구성하는 결정은 온도에 따라 그 구조가 변하는 특성을 보인다. 이를 **동질이상**polymorphism, 즉 화학적으로는 동일하지만 배열 구조가 다른 현상이라고 한다. **상전이**phase transformation가 일어나서 결정의 구조가 바뀌면 물질이 가지고 있는 에너지에 미묘한 변화가 발생한다. 온도를 올리거나 내리면서 물질이 가진 에너지를 측정하면 결정 구조가 변화하는 온도를 알아낼 수 있다. 마찬가지 원리로 물질의 녹는 온도도 측정한다. 대표적인 분석 장비는 **시차주사열용량계**differential scanning calorimeter다. 측정하고자 하는 온도 범위에서 물리화학적으로 안정한 물질을 기준 물질로 삼아 시료와의 열량 변화를 비교하면 각종 열적인 변화를 측정할 수 있다. 꿀벌이 생산하는 밀랍은 벌이 채취하는 밀원이나 주위 환경에 따라 조금씩 다른데, 밀랍의 온도가 상승하면 녹기 전까지 두세 번의 상전이를 일으킨다.

열가소성과 열경화성

밀랍은 열가소성thermoplastic 특성을 가지고 있다. 즉, 밀랍은 열을 가하면 점도가 낮아지고, 온도가 떨어지면 점도가 상승해 딱딱해지는 재료다. 벌은 어떻게 밀랍의 온도를 올려서 말랑말랑하게 만든 후 집을 짓는 것일까? 앞에서 군집은 섭씨 35도를 유지한다고 했다. 벌들은 날개가 붙어 있는 근육을 매우 빠른 속도로 진동시킴으로써 온도를 올린다. 이들이 집단을 이루어 날갯짓을 하면 군집의 온도를 꽤 높은 온도로 올릴 수 있고, 바로 이런 이유로 벌이 군집을 이탈하면 주위의 동료들로부터 방출되는 열을 받지 못해서 죽는 것이다. 군집의 온도를 유지하는 방법과 마찬가지로 벌은 집을 지을 때 열을 가해 밀랍을 부드럽게 만들어 원하는 형태로 벽을 이어간다. 이러한 군집의 온도를 올리는 능력은 절체절명의 순간에도 필요한데, 우리나라의 토종벌은 강력한 침입자인 말벌*이 침입하면 수백 마리가 말벌을 둘러싸 5분 내에 섭씨 46도로 온도를 올려서 말벌을 말 그대로 '쪄' 죽인다. 이 와중에 수많은 일벌이 죽어 나가므로 벌 나름의 '인해전술'인 셈이다.

우리가 고분자라고 부르는 물질은 단순한 형태의 간단한 분자들**을 수천에서 수만 개 연결해 얻은 것이다. 고분자는 열을 받을 때 밀랍처럼 점도가 낮아지는 열가소성 재료와 그 반대로 점도가 올라가는 열경화성thermoset 재료로 나뉜다. 열가소성 고분자는 열을 공급함으로써 형상을 반복해 변화시킬 수 있으므로 구조 변화가 **가역적**reversible이다. 이 반면에 열경화성 고분자

---

* 특히 장수말벌은 단 몇 마리가 하나의 꿀벌 군집을 궤멸시킬 정도로 강력하다.

** 이들을 단위체monomer라고 한다.

는 일단 모양이 만들어지면 이후 열을 가해도 형태가 변하지 않아서 **비가역적**irreversible 거동을 보인다. 이들 차이는 고분자의 구조에 기인한다. 열가소성 재료는 단위체가 일차원적인 사슬 형태로 이어진 것으로, 전체 구조는 가늘고 기다란 실이 복잡하게 얽혀 있는 실타래를 연상하면 된다. 따라서 구조가 유연해 형태가 변하기 쉽다. 또한 용매로 녹일 수 있다. 이에 비해 열경화성 재료는 단위체들이 3차원적으로 연결되어 있어서* 힘을 받아도 쉽게 변형되지 않으며, 용매에 녹지 않는다.

준안정 상태

일벌들이 집을 짓는 과정에서 온도를 측정한 결과 밀랍의 온도가 주변의 온도보다 몇 도 정도 증가하는 것으로 관찰된다. 연구자에 따라 편차가 있지만(실제로 밀폐된 좁은 공간에서 이루어지는 집짓기 작업을 정밀하게 측정하기란 쉬운 일이 아니다) 디지털 적외선 카메라를 사용해 열화상 분석을 한 결과 벌은 밀랍의 온도를 섭씨 37에서 40도까지 올린다. 이때 밀랍에는 어떤 변화가 일어날까? 이 온도 범위는 꿀벌의 종류에 따라 생산된 밀랍 내의 결정질의 상전이를 일으키기에 충분히 높은 온도이기도 하지만, 그렇지 않고 그 온도가 결정질의 상전이에 못 미치는 밀랍도 있다. 결국 밀랍에 함유된 결정질보다는 무정형 구조를 가진 성분이 작용해 열가소성이 나타나게 된다.

원자나 분자의 배열이 무질서하다는 것은 비록 겉으로는 고체처럼 보이

* 단위체들이 연결된 접점을 가교crosslink라고 한다.

그림 1-3 안정, 불안정, 준안정

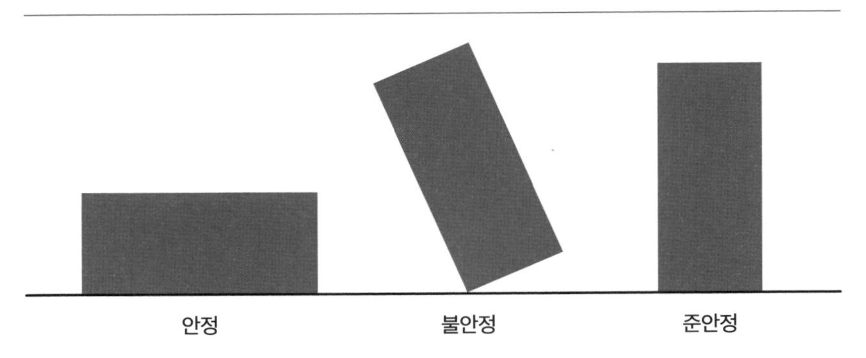

직육면체가 놓인 위치에 따라 안정, 불안정, 준안정 상태를 가진다.

지만(밀랍의 경우는 딱딱하지 않고 약간 무른 고체) 내부의 구조는 액체에 가깝다는 의미다. 용융 상태에서 냉각해 융점 이하로 되면 액체가 고체로 전이하는데, 어떤 이유에서든 원자의 움직임이 제한되면 완전히 질서 있는 구조로 가지 못하고 무정형 구조로 남는다. 이처럼 고체가 액체보다 안정한, 즉 융점보다 낮은 온도에 놓였음에도 불구하고 액체와 유사한 배열 구조를 가진 상태를 **과냉각 액체**supercooled liquid라고 부른다. 이는 열역학적으로 **준안정 상태**metastable state인데, 불안정하지는 않아서 물성이 크게 변하지 않지만 가장 안정하지도 않으므로 언제든지 안정한 상태로 전이하려는 경향이 내재되어 있는 상태를 말한다(그림 1-3).

우리에게 가장 친숙한 준안정 상태의 재료는 바로 유리glass다. 유리는 뜨거운 사막에서 태양열을 받은 모래가 녹은 것을 발견하면서부터 시작되어 인류에게 매우 오래된 재료다. 유리는 광섬유와 같은 첨단 소재에 사용되기도 하며, 창유리가 생산되면서 주거환경이 청결하고 밝게 개선되어 인

그림 1-4 석영 결정의 기본이 되는 SiO_4 4면체의 구조

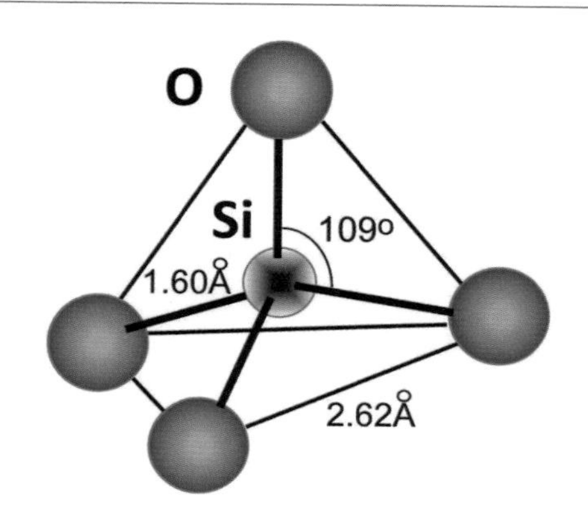

류에게 극적인 삶의 질적 향상을 가져다준 재료라고 할 수 있다. 우리는 경험상 유리 제품은 오래도록 변치 않고 사용할 수 있다고 생각하므로 유리가 안정하지 않다는 말이 쉽게 와닿지 않을 것이다. 창유리를 예로 들면 주된 화학 성분은 석영(화학식은 SiO_2)으로 실리콘 원자 하나 주위에 산소 원자 네 개가 결합된 4면체 구조(그림 1-4)가 결합의 기본 단위가 된다. 이들 4면체는 꼭짓점에 있는 산소끼리 결합해 3차원 구조를 만드는데, 결합 각도나 거리가 일정하지 않으면 유리가 된다.* 준안정 상태라고 해도 안정 상태로 전이하기 위해서는 일정량의 에너지를 받아야 하는데, 이를 **활성화 에너지**activation energy라고 한다. 유리는 원자간 결합력이 강해서 활성화 에너지가 매우 크고, 이 때문에 유리는 결정으로 쉽게 전이하지 못한다. 유리에 열을 가하면 활성화 에너지를 뛰어넘을 수 있기 때문에 결정화가 일어난다.

* 4면체가 모든 방향으로 일정한 방식으로 연결된다면 결정질이 되고, 이는 바로 보석의 일종인 수정이다.

집짓기

벌집을 얼마나 솜씨 좋게 짓는지,

왁스를 얼마나 멋지게 바르는지,

일을 얼마나 열심히 하는지,

달콤한 음식을 창고에 착착 쌓아둔다네.[3)]

어느 시인이 부지런한 꿀벌을 묘사한 문장이다. 왁스(밀랍)를 멋지게 발라서 솜씨 좋게 집을 짓는다고 감탄한다. 집짓는 과정을 처음부터 자세히 관찰하면 벌이 집을 짓는 초기에는 소방의 형태가 육각형이라기보다는 원형에 가까움을 알 수 있다. 벌이 날갯짓으로 집에 열을 가하면 시간이 흐르면서 점차 육각형 모양으로 완성된다. 즉, 일벌은 처음부터 육각형으로 짓는 것이 아니라 자신 또는 수벌이나 여왕에 맞는 크기로 밀랍을 붙이기만 하고, 그 이후에는 온도를 올려서 마감하는 셈이다. 질서정연한 육각형의 기하학적 아름다움에 빠진 과거 현인들의 꿀벌 찬양이 무색해지는 순간이다.

그런데 열에 의해 형태가 바뀌는 이유는 무엇인가? 물질의 표면이란 그 물질을 이루고 있는 원자나 분자가 공기 분자와 접하고 있는 일종의 계면interface이다. 표면에 자리한 원자는 물질의 내부 방향으로는 결합력이 작용하고 있지만 표면 방향으로는 결합이 끊어져 있어서 불안정하다. 즉, 내부의 원자보다 에너지가 들뜬 상태가 된다. 이러한 표면이 가지고 있는 여분의 에너지를 **표면 장력**surface tension이라고 한다. 표면 장력은 당연하게도 표면적을 줄이려는 방향으로 작용할 것이다. 그래야 물질이 가지는 총 에너지를 낮추기 때문이다. 밀랍의 온도가 올라가면 분자간 결합이 느슨해져서 움직이기 쉬워지고, 표면 장력이라는 힘이 작용해 육각형 구조를 완성한다.

그런데 여기서 의문이 들 것이다. 원형에서 육각형으로 바뀌면 면적이 오히려 늘어나서 표면 에너지가 증가하는 것은 아닌가? 그럼에도 불구하고 육각형으로 완성되는 연유를 알아보자. 벌은 둥지의 아랫면에 밀랍을 붙여나가기 시작하고, 집은 수직 방향으로 완성된다. 양봉업자는 벌이 집을 짓는 수고를 조금이라도 덜어주고 관리를 편하게 하고자 소초광이라고 하는 파라핀으로 만든 틀을 넣어준다. 소초광에는 벌집의 직경과 일치하는 육각형의 요철이 있어서 벌은 그 자리에 맞추어 집을 지으면 된다. 집을 지을 수 있는 빈자리가 여럿 있음에도 불구하고 벌은 소초광의 상단에서부터 아래를 향해 집을 짓는다. 체내에서 분비된 밀랍은 굳어지면서 얇은 조각이 된다. 여기에 다른 분비물을 더해 턱으로 반죽해 끈기를 부여한다. 밀랍판은 벌이 다루기 쉬운 **점탄성**viscoelasticity을 띤다. 점탄성이란 물질이 받는 힘에 대해 변형이 일어나는 속도인 점성과 힘을 받아 생긴 변형이 복원되는 성질인 탄성이 공존하는 것을 말한다.

이제 유연하고 얇은 밀랍판을 들고 있는 벌의 입장에서 보자. 소방의 수직면을 아래 방향으로 완성해나가다 일정한 길이에 도달하면 이웃한 면을 서로 연결해야 한다. 이때 벌이 면이 꺾이는 부분에서 밀랍판의 길이를 정확히 재단해 모서리끼리 하나의 선으로 접합시키리라고는 생각하기 어렵다. 그보다 수직면의 양쪽 방향과 그 아래에 밀랍판을 임의의 순서대로 붙여나가면서 확장하는 편이 벌에게는 훨씬 쉬운 작업이다. 그 결과로 세 개의 면이 만나는 지점은 그림 1-5와 같은 모양이 된다.[4] 수직면으로부터 휘어져

그림 1-5 벌집 방의 수직면이 분기되는 지점의 모형

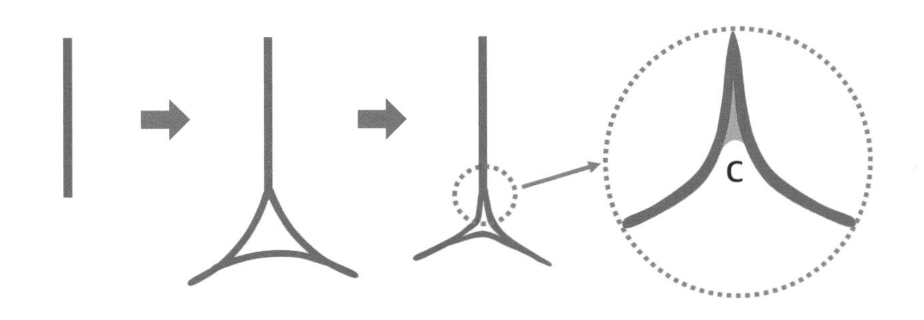

나가는 두 개의 면 사이를 확대하면 예리한 각도로 시작한다. 이 공간에는 용융 밀랍이 모세관 현상에 의해 채워져 있다. 표면 장력으로 그림에 c라고 표시한 영역의 압력이 낮아지고, 밀랍판에는 판을 늘리는 인장응력tensile stress이 작용해 c 영역을 줄이는 방향으로 변형된다. 즉, 원에 가깝던 모양이 각진 모양으로 전환되어 면간 각도는 120도를 이룬다(자세한 원리는 용어 해설의 **표면 장력** 참조).

아직 확인할 사항이 남아 있다. 벌은 인접한 수직면을 이어붙인 후에 다시 다음 층의 수직면을 건설할 텐데, 수직면이 시작하는 자리는 어디일까? 육각형의 방이 완성되려면 그 시작점은 수직면이 갈라진 지점이 아니라 가로면의 가운데 부분, 즉 가장 아래로 튀어나온 부분임이 틀림없다. 이는 벌의 본능인 것으로 보인다. 중력이 작용하는 지상에서건 무중력 상태인 우주 공간에서건 벌은 같은 방법으로 집을 짓기 때문이다. 이러한 순서는 컴퓨터 시뮬레이션으로 확인되었다.[5]

수벌은 암컷인 일벌보다 몸집이 더 크다. 따라서 수벌방도 일벌방보다 크다. 그리고 토종벌은 이탈리아가 원산지인 외래종보다 몸집이 작은데, 당연하겠지만 토종벌의 소방이 외래종의 소방보다 약간 작다. 벌은 자신의 몸을 기준 삼아 방의 크기를 조절한다. 모든 벌은 군집에 필요한 방의 크기를 알고 있어서 측량 도구 없이 균일한 크기로 집을 짓고 산다. 수벌방이나 여왕벌이 사는 왕대queen's cell도 일벌이 만드는데, 일반 소방과 다른 크기의 집을 지을 수 있는 능력은 이들이 고도로 진화한 생명체임을 보여준다. 재료과학의 힘을 빌리긴 하지만 어찌했든 꿀벌은 경이로운 생명체임이 틀림없다.

미의 기준

지금까지 벌집의 기하학적으로 아름다운 육각형 구조에 대해 알아보았다. 벌이 절대로 의도한 바는 아니겠지만, 인간에게 벌집은 그 자체로 미적인 대상이다. 그런데 인간과 벌 사이에는 또 다른 미적 연결고리가 있다. 꿀벌과 꽃은 떼려야 뗄 수 없는 관계다. 현화 식물phanerogam이란 생식 기관인 꽃이 있고 열매를 맺으며 씨로 번식하는 고등 식물을 일컫는다. 현화 식물의 번식에는 꽃가루를 식량원으로 삼는 곤충의 존재가 절대적으로 필요하다. 꿀벌이 대표적인 곤충인데, 이외에도 나비, 나방, 파리, 딱정벌레 등도 수분을 도와주는 수분 곤충이다. 그런데 꿀벌만큼 섬세한 작업을 거쳐 꽃술에 큰 피해를 주지 않고 꿀을 채집하는 곤충은 없다. 꿀은 곤충의 수분을 유도하기 위한 미끼다. 꿀을 채집하면서 꽃 속을 마구 파헤치는 곤충을 반기는 식물은 없을 것이고, 현화 식물과 꿀벌은 서로의 필요에 의해 공진화coevolution했

사진 1-3　다채로운 원색의 향연을 보여주는 튤립 꽃밭

사진 1-4　악취를 내뿜는 스타펠리아 꽃

다. 곤충이 수분을 하는 식물의 약 85%가 꿀벌에 의존한다.

식물의 입장에서 보면 꿀벌을 유혹하기 위해 다른 식물과 경쟁해야 한다. 꽃은 색상, 형태, 향기를 배합해 끊임없이 꿀벌을 유혹하고 있다. 꽃은 주로 꿀벌에게 유리한 방향으로 진화한 셈이다. 그런데 이와 관련이 없는 인간에게 꽃은 다채로운 색깔로 치장한 아름다움과 함께 그윽하거나 심지어는 콧등을 자극하는 각종 향기를 발산해 인간의 삶의 질을 향상시키는 존재로 다가온다. 만일 꽃이 파리나 말벌을 파트너로 삼았다면 악취를 내뿜는 존재가 되어 많은 문학 작품에 등장할 일은 없었을 것이다. 놀랍게도 용담목에 속하는 스타펠리아 꽃은 고약한 냄새를 발산하는데, 이 꽃은 파리를 모셔서 수분한다. 그러고 보니 서식지에 수분시켜줄 곤충이 흔하지 않은 건조한 지역의 선인장 꽃은 다른 어느 꽃에 비해서도 매우 자극적이고 아름답다.

꽃의 화려한 색상은 벌의 시각 스펙트럼의 한복판에 들어온다. 그리고 꽃잎은 자외선도 볼 수 있는 꿀벌에게 매혹적인 자외선 패턴을 선사해 꿀이 있는 위치로 유도한다. 모양이 둥근 꽃은 어느 각도에서 접근해도 비슷해 보이므로 꽃가루와 꽃꿀을 찾는 벌을 포함한 모든 곤충을 맞이한다. 꿀벌을 유혹하는 꽃은 매우 정교한 형태로 진화했고, 그 결과로 예기치 않게 꽃은 우리가 연인에게 주고 싶은 선물 목록의 상단을 차지하고 있다. 그렇다면 꿀벌과 인간의 미적 감각이 일치하는 부분이 있다는 말인가? 양질의 맛있는 꽃꿀을 지닌 넓은 꽃밭을 발견했을 때 벌은 마치 '심봤다!'라는 기분으로 집으로 돌아와 격렬한 춤을 추어서 동료들에게 알린다. 이는 벌의 생존에 직결된 심각한 행동이지만, 만일 벌에게도 감정이 있다면 우리가 지극히 아름다운 꽃밭을 발견했을 때처럼 흥분을 주체하지 못하리라. 꿀벌은 인간에게 꿀을 제공하는 고마운 존재이면서* 우리와 미적 기준을 공유하는 동물이라고 한다 해도 지나친 억측은 아닐 것이다. 악취를 풍겨서 파리를 유인하는 스타펠리아 꽃을 보니 더욱 그러하다는 생각이 든다.

---

* 사실을 말하자면 인간은 꿀벌이 저장해 놓은 식량을 약탈한다는 불편한 사실이 깔려 있기는 하다.

용어 해설

가역과 비가역 과정

재료과학에서 가역, 비가역이라는 개념은 열역학에서 출발한다. 우리는 '자발적', '자연적'이라는 말을 흔히 사용한다. 과학을 몰라도 그 의미는 충분히 통할 것이다. 이와 동일한 뜻으로 열역학에서는 '비가역적' 이라고 쓴다. 어떤 계가(계의 의미는 **상전이** 참조) 에너지가 더 낮은 안정한 상태로 이동한다면 이는 자발적으로 일어나는 현상이다. 이러한 자발적 과정은 외부에서 에너지를 가하지 않는 한 에너지가 높은 상태로 저절로 되돌아가지 않기 때문에 '비가역'이다. 예를 들어, 낮은 곳으로 떨어진, 즉 위치 에너지가 낮아진 공은 일을 가해야지만 원래의 높은 곳으로 이동할 수 있다.

가역과 비가역의 기준은 엔트로피로 다룰 수 있다. 경험적으로 엔트로피 S는 다음과 같이 정의한다.

$$dS \equiv dq/T$$

여기서 q는 열량, T는 절대온도다. 계의 엔트로피 변화량 dS는 계에 출입한 열량 변화 dq를 계가 놓인 절대온도로 나눈 것이다. 가역 변화라면 정방향과 역방향으로의 열량 출입이 동일하기 때문에 $dS = 0$이며, 비가역 변화라면 $dS > 0$이다.

엔트로피는 무질서의 척도 또는 평등의 척도로 이해된다. 우리 주변에서 일어나는 대부분의 변화는 질서에서 무질서로 이행하는 비가역 과정이며, 엔트로피가 증가하는 방향이다. 생명 현상도 엔트로피로 이해할 수 있다. 세포를 질서 있게 유지하려면(생명을 유지하려면) 식량이나 호흡을 통해 체내로 에너지를 투입해 무질서로의 이행을 막아야 한다. 세월이 흐름에 따라 신체가 노화되어 이런 순환 과정이 둔화되면 엔트로피가 증가하고(세포의 무질서도가 증가하고) 죽음에 이른다. 마침내 비가역 과정이 완성된 셈이다.

가역적

가역과 비가역 과정 참조

강도

정확한 용어는 재료 강도strength of materials로, 재료의 전반적인 기계적 성질을 나타내는 물성이다. 재료에 걸린 기계적 하중은 물질 내부에 응력이라고 하는 내부 힘을 유도한다. 재료에 작용하는 응력으로 인해 재료는 다양한 방식으로 변형을 일으킨다. 재료 역학에서 재료 강도는 파손이나 소성(7장 용어 해설의 **연성** 참조) 변형 없이 적용된 하중을 견딜 수 있는 능력을 말한다. 하중을 가하는 방식에 따라서 다음과 같은 방식이 있다. (1) 횡하중transverse loading; 재료의 긴 종축에 수직으로 적용되는 힘. 재료가 원래 위치에서 구부러지게 해서 내부에 인장과 압축 변형을 유도한다. (2) 축 하중axial loading; 재료의 종축과 동일 선상으로 하중을 가한다. 이 힘은 재료가 늘어나거나 줄어들게 한다. (3) 비틀림 하중torsional loading; 평행한 서로 다른 평면에 동일한 크기로 반대 방향으로 작용해 재료를 비트는 한 쌍의 힘.

재료에 가해진 응력과 변형의 관계에 따라 강도에는 다음과 같은 종류가 있다. (1) 항복 강도yield strength; 재료에 영구 변형을 일으키는 가장 낮은 응력이다. (2) 압축 강도compressive strength와 인장 강도tensile strength; 압축이나 인장 힘에 의해 재료의 파괴로 이어지는 응력의 한계값이다. (3) 피로 강도fatigue strength; 재료를 사용하는 기간 동안 반복적으로 걸린 여러 하중에 대한 강도를 말한다. (4) 충격 강도impact strength; 재료가 갑자기 가해지는 하중을 견딜 수 있는 능력이다.

한편 전자기학에서 파동의 강도는 한 주기 동안 전달되는 평균 전력이고, 진폭의 제곱에 비례한다. 우리말로는 강도이지만 영어는 intensity이다. 후술하는 장에서 구별이 필요하다.

결정화

준안정 상태에 놓인 무정형 물질은 외부로부터 **활성화 에너지**를 뛰어넘는 자극을 받으면 결정화가 일어난다. 과냉각 액체로부터의 결정 석출은 상전이(결정 석출)에 동반하는 자유 에너지의 감소가 추진력이 되어 진행되는 현상으로, 새로운 상(결정)의 핵생성nucleation과 핵으로부터의 결정 성장growth이라고 하는 연속한 과정을 거친다. 즉, 결정화 속도는 결정의 작은 핵이 생성되는 속도와 핵이 성장하는 속도라는 두 가지 요인에 의해 지배된다. 과냉각 액체로부터의 핵생성은 완전히 균질한 모상(과냉각 액체)의 내부에 자연발생적으로 생기는 균질homogeneous 핵생성과 융액의 표면 또는 내부에 함유되어 있는 이물질과의 계면 등 특정 장소에서 일어나는 불균질heterogeneous 핵생성으로 나누어진다.

주변에서 흔히 볼 수 있는 핵생성(예를 들어, 추운 날씨에 용기 내에 성에가 맺히는 것이나 냉동고에서 얼음을 만드는 경우 용기에 접한 수면에서부터 얼음이 얼기 시작하는 것)은 불균질 핵생성이고, 균질 핵생성은 거의 일어나지 않는다. 일반적으로 계면은 모상보다 에너지가 높다. 균질 핵생성은 고상(핵)-과냉각 액체 사이의 새로운 계면이 만들어져야 되므로 계의 에너지가 증가한다. 그 반면에 불균질 핵생성은 기존의 계면이 핵생성으로 만들어지는 새로운 계면으로 대체되면서 계면 에너지가 크게 증가하지 않기 때문에 불균질 핵생성은 상전이에 대한 추진력이 크다.

과냉각 액체

무정형 참조

굽힘 강성

강성이란 원자간 거리에 대한 원자간 결합력의 비율이다. 즉, 물질의 강성이 크다면 물질을 변형시키는 데 더 큰 힘이 필요하다. 재료에 힘을 가하는 방법은 여러 가지인데, 압축하는 힘(압축 응력), 늘리는 힘(인장 응력), 비트는 힘(비틀림 응력), 재료의 면에 접하는 방향으로 작용하는 힘(전단 응력), 굽히는 힘(굽힘 응력) 등이 있다. 굽힘 강성은 굽힘 응력에 대한 물질의 강성을 뜻한다.

동질이상

같은 물질이 여러 종류의 상으로 존재하는 현상을 말한다. 예를 들어, 탄소 재료는 무정형 탄소, 흑연, 다이아몬드, 풀러렌, 그래핀, 탄소나노

튜브 등 다양한 동질이상을 가지고 있다.

무정형

무정형이란 원자 배열의 규칙성이 없는 고체를 의미하는데, 비슷한 용어로 비정질non-crystalline 또는 유리glass, vitreous solid가 있다. 이들은 저자에 따라서 약간씩 다른 의미로 사용된다. 비정질 재료는 넓은 의미로 유리(유리 전이점glass transition temperature을 갖고 있다)와 무정형 물질(유리 전이점이 없다)을 포함한다. 일반적으로 유리는 여러 종류의 비정질 재료 중에서 산화물계 세라믹 재료에 국한되어 사용되나, 일부에서는 '유리상 금속glassy metal', '금속 유리metal glass', '반도체 유리semiconductor glass'와 같이 유리를 넓은 의미로 확장해 사용하기도 한다. 비정질 구조에서 결정질을 석출시켜 기계적 강도를 향상시킨 것을 '결정화 유리crystallized glass' 또는 '유리 세라믹스glass ceramics'라고 부른다.

용융물을 냉각하면 일반적으로 액상→고상의 전이점(즉, 융점)에서 수축률(그림 1-6에서 직선의 기울기)의 급격한 변화가 관찰된다. 그런데 무정형 또는 비정질 재료는 내부의 원자 배열이 액상과 크게 다를 바가 없어서 수축률이 변하지 않은 채로 냉각된다. 온도가 융점보다 훨씬 더 낮아지면 마침내 원자의 배열이 곤란해져서 완전히 굳은, 점도가 매우 높은 상태로 바뀌고 수축률은 결정의 그것과 같아진다. 이 온도가 유리 전이점이고, 수축률은 불연속이다. 융점부터 유리 전이점까지의 구간을 과냉각 액체라고 한다. 융점 이하이므로 고체로 바뀌어야 하지만 원자의 결합은 액체처럼 여전히 유동성을 가지고 있어서 '과하게 냉각 되어도 액상의 특성을 갖고 있다'는 의미다. 무정형은 이러한 수축률의 변화가 뚜렷하지 않고 연속인 물질이다. 탄소 재료나 고분자 재료는 무정형이다. 특이한 점은 냉각 속도에 따라 유리 전이점이 변한다는 사실이다. 급격히 냉각할수록 더 높은 온도에서 원자의 움직임이 동결된다.

그림 1-6 융액을 냉각할 때 나타나는 몰부피와 온도와의 관계를 보여주는 개략도

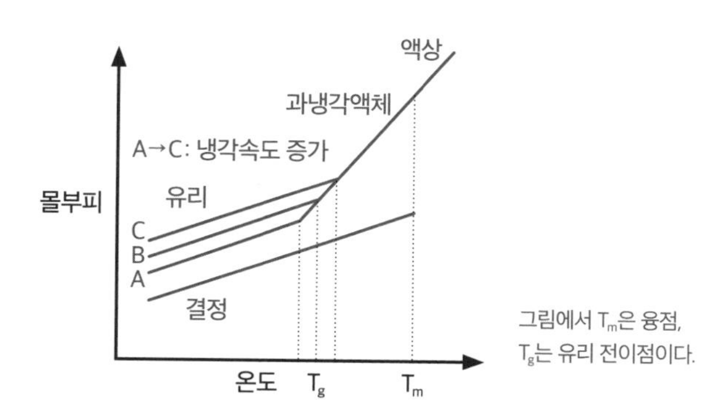

그림에서 T_m은 융점, T_g는 유리 전이점이다.

보강 간섭

두 파동이 겹쳐지면서 진폭이 증가하거나 작아지는데, 이를 간섭이라고 한다. 두 파동의 마루(또는 골)가 서로 일치하면 진폭이 증가하는 보강 간섭이고, 일치하지 않으면 진폭이 작아지거나 사라지는 상쇄 간섭이다.

비가역적

가역과 비가역 과정 참조

상전이

우리가 물질과 공간을 유한하게 분리해 고찰하고자 하는 대상을 계system라고 하는데, 상phase이란 계에서 물리화학적으로 균일하고, 주변과 경계면을 가지며, 기계적 분리가 가능한 부분을 의미한다. 균일하다는 것은 밀도, 굴절률, 전자기적 특성, 구성 원소 등 물질의 제반 특성이 균일함을 말한다. 예를 들어, 기체는 이를 구성하는 분자의 종류에 관계없이 균일한 물성을 가지고(예를 들면, 압력과 같은) 그 구성 성분을 분리할 수 없기 때문에 단일 상으로 간주한다. 물과 얼음은 액체와 고체라는 점에서 각기 다른 상이고, 결정과 무정형은 원자 배열이 다르기 때문에 서로 다른 상이다. 결정이라고 해도 각각의 원자 배열 구조가 다르면 서로 다른 상이다.

온도, 압력과 같은 열역학 조건이 바뀔 때 어느 상이 불안정해지면 다른 안정한(또는 준안정한) 상으로 바뀌는데, 이를 상전이라고 한다. 상전이가 진행되는 동안 계의 자유 에너지가 연속적으로 변한다고 해도 부피, 엔트로피, 열용량 등과 같은 열역학적 양들은 불연속적 변화를 일으킬 수 있다.

시차주사열용량계

시차주사열용량계는 시료와 기준 물질의 온도를 일정한 프로그램에 따라 변화시키면서 시료와 기준 물질 사이에 출입하는 에너지의 차이를 온도의 함수로 측정하는 기법이다. 입력보상power compensation 방식과 열유속heat flux 방식 등 두 종류가 있다. 입력보상 방식은 시료와 기준 물질의 온도 차이를 없애기 위해 공급하는 열량의 차이를 측정한다. 열유속 방식은 시료

그림 1-7 전형적인 시차주사열용량계 데이터

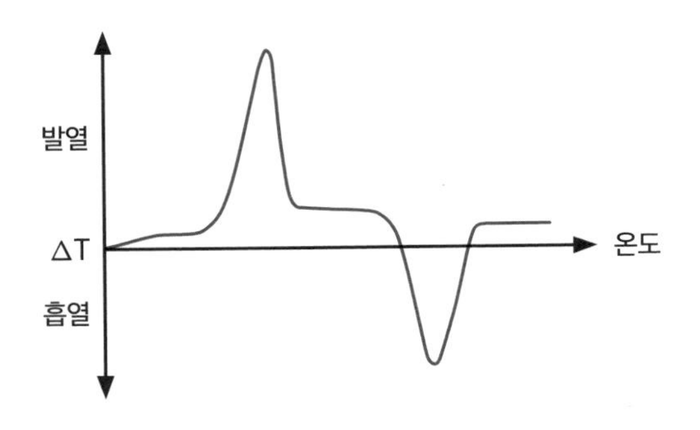

및 기준 물질과 열원으로 사용하는 블록 사이에 열장벽을 설치해 온도를 측정함으로써 열량을 평가한다. 시차주사열용량계로 측정한 가상의 열분석 데이터는 그림 1-7과 같다. 통상 발열 과정은 그래프의 위로, 흡열 과정은 아래로 그린다. 발열 반응으로는 결정화, 연소, 금속의 부식 등이 있고, 흡열 반응으로는 용융, 광합성이 있다.

엑스선 회절법

엑스선 회절법은 결정질의 구조를 파악하는 보편적인 도구다. 엑스선의 파장은 결정면 사이의 거리와 비슷하기 때문에 인접한 결정면으로부터 반사되는 두 엑스선 사이에 간섭이 발생한다. 그림 1-8에서 윗면과 아랫면으로부터 반사되는 엑스선이 보강 간섭, 즉 두 파동의 골과 마루가 서로 일치해 증폭되기 위해서는 경로의 차이가 파장의 정수배이어야 하므로 다음 조건을 만족해야 한다.

$$n\lambda = 2d\sin\theta$$

λ는 엑스선의 파장, d는 결정의 면간 거리, θ는 엑스선이 물질에 입사하는 수평면으로부터의 각도, n은 정수다. 위 식을 브래그 법칙Bragg's law이라고 한다. 엑스선의 입사 각도 θ를 연속으로 변화시키면서 보강 간섭이 일어나는 특정한 각도를 측정하면 위 식에 의해 결정의 면간 거리 d를 알 수 있고, 이로부터 결정 구조를 유추한다.

그림 1-8 엑스선 회절의 원리

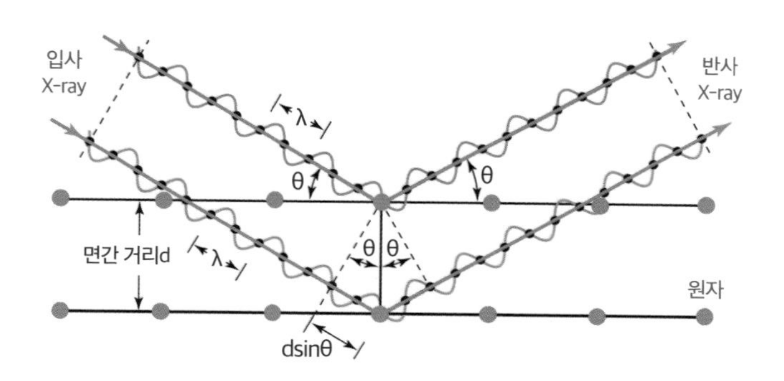

점탄성

점성은 물질에 가한 전단 응력에 대한 변형 속도의 비율이다. 탄성은 가해준 힘에 의해 발생한 변형이 원래 모양으로 복원되는 현상이다. 점성과 탄성이 동시에 나타나면 점탄성이라고 한다. 기본적으로 점성은 유동성이 있는 액체가 가진 성질이고, 탄성은 딱딱한 고체가 가진 성질이다. 그런데 어떤 물질은 점성을 가지는 동시에 복원되려는 탄성도 가지고 있어서 점탄성을 나타낸다.

그림 1-9 물질계의 자유 에너지

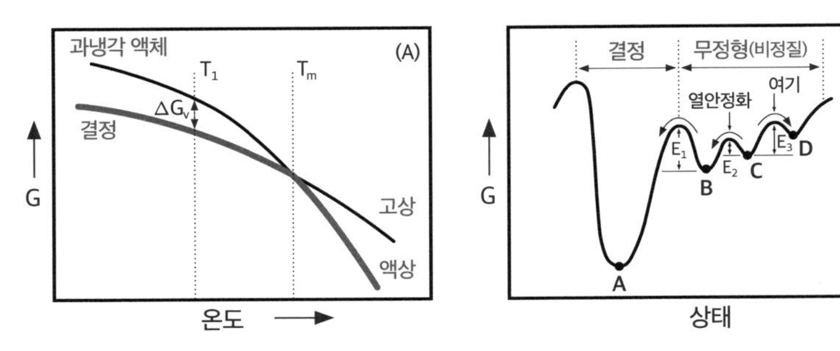

(왼쪽) 액상의 자유 에너지와 고상의 자유 에너지의 온도에 따른 변화. 굵은 선으로 표시했듯이 융점 T_m 이상에서는 액상, 그 이하에서는 고상의 자유 에너지가 낮으므로 각각의 상이 그 온도에서 안정한 것이다.
(오른쪽) 결정과 무정형(비정질) 재료의 자유 에너지 비교. 결정은 가장 작은 자유 에너지인 A 상태를 가지나, 무정형은 그보다 높아서 B-D와 같은 준안정 상태에 놓인다.

준안정 상태

융점(T_m) 이하에서 과냉각 액체의 자유 에너지는 같은 온도에 있는 같은 조성의 결정보다 크다. 이 과냉각 액체가 동결되어 생성된 무정형의 자유 에너지 역시 결정보다 높다. 무정형 재료의 원자들이 열평형에 도달하기 전에 동결되어 C와 같은 준안정 상태에 놓인다고 할 때, 냉각 속도에 따라서 그 상태는 B 또는 D로 변할 수 있다. 외부에서 활성화 에너지 E_2보다 큰 열적 에너지가 공급되면 상태 C에서 더욱 안정한 상태 B로 전이하거나, 결국에는 가장 안정한 상태 A로 된다. 이 마지막 전이가 결정화다. 이러한 이유로 무정형 재료에 약간의 자극을 가하면 원래의 물성이 변하게 된다.

표면 장력

물질의 표면이 가지는 여분의 에너지는 단위 면적 당 에너지이므로 단위는 [J/m²]이다. 이는 스칼라량이다. 그런데 이 여분의 에너지로 인해 표면에서 일어나는 동적인 과정을 묘사하려면 벡터량, 즉 힘으로 표시하는 것이 편리하다. [J/m²]의 분자와 분모를 길이로 나누면 [N/m]가 되고, 이는 단위 길이당 힘이다. 즉, 표면 에너지와 표면 장력은 설명하고자 하는 대상에 맞추어 바꾸어 사용하면 된다.

본문의 그림 1-5를 이해하기 위해 모세관 현상을 들여다보자. 그림 1-10처럼 액체가 일정한 각도 θ로 모세관 벽을 적시는 경우를 생각한다. 액체 표면에 요철이 발생하면 다음 식과 같이 오목한 영역의 압력이 더 낮아진다. 이 식을 라플라스 식^Laplace equation^이라고 한다.

$$\Delta P = 2\gamma/R$$

여기서 γ는 액체의 표면 장력이고, R은 오목면의 곡률 반경이다. R이 작을수록 압력 차이는

그림 1-10 모세관 현상

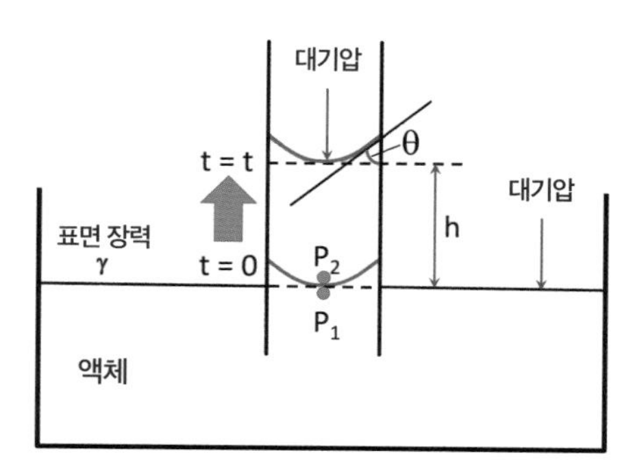

더 커진다. 모세관을 액체에 담근 초기에 볼록 영역의 P_1이 오목 영역의 P_2보다 높으므로 액체는 모세관을 타고 밀려 올라간다. 이와 동일한 원리로 본문의 그림 1-5에서 영역 c의 압력이 낮으므로 이를 해소하기 위해 밀랍판은 인장 응력을 받아 휘어지게 된다.

활성화 에너지

상전이나 여러 화학 반응은 비록 반응이 일어난 후에 에너지가 낮아질 수 있다고 해도 즉각적으로 진행하는 것이 아니다. 여기에는 뛰어넘어야 하는 에너지 장벽이 존재하고, 이를 활성화 에너지라고 한다. 활성화 에너지의 크기에 따라 반응의 속도가 좌우된다. 반응물과 생성물의 에너지 대소 관계는 반응이 가능한지를 판단하는 열역학적 기준이 되고, 활성화 에너지는 반응 속도, 즉 동역학적 기준이 된다.

그림 1-11 활성화 에너지

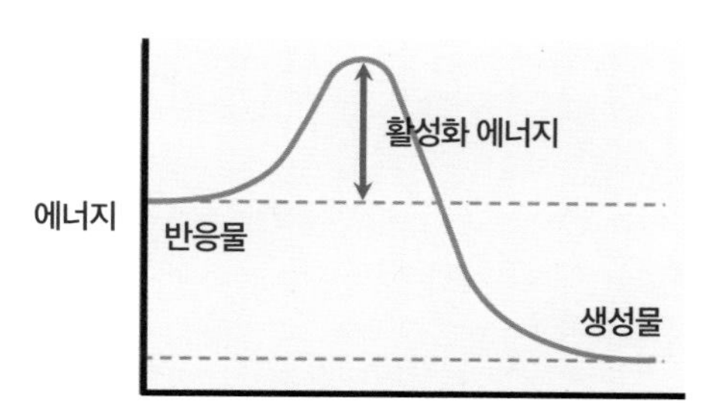

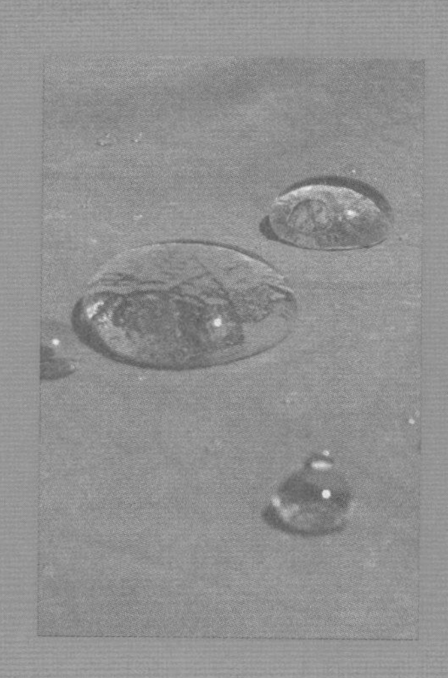

MATERIALS SCIENCE

제 2 장 황금 코뿔소

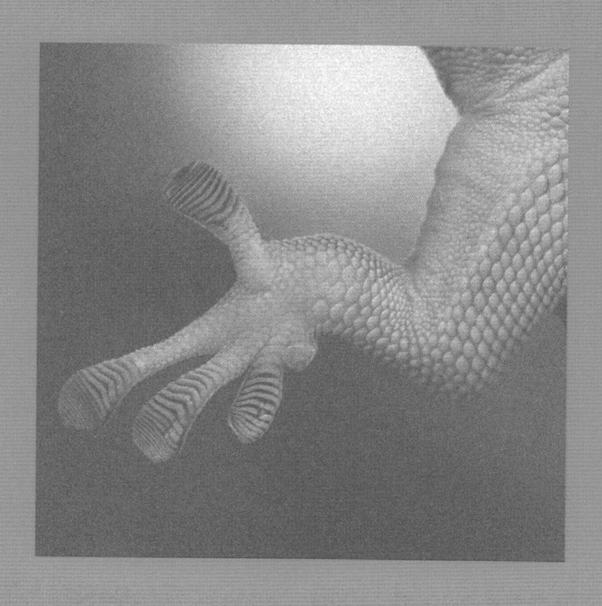

분노의 아이콘

어릴 적 즐겨보던 〈동물의 왕국〉에서 흥미진진했던 동물은 주로 아프리카에 서식하는 거대 포유류였다. 밀림의 왕 사자, 사자 무리를 가볍게 제압해 버리는 거대한 수코끼리, 호수의 제왕 하마, 웬만한 적은 뒷다리로 차버리는 기린 등등. 그중에서도 인상 깊게 남았던 동물은 코뿔소다. 코끼리 이외에는 어느 동물에게도 덩치로 전혀 밀리지 않고, 하마의 큰 입마저도 날카로운 뿔로 제압해 버린다. 코뿔소는 시력이 비교적 약해 후각과 청각에 의존하는데, 자기 영역을 지키려는 본능이 대단해 그 어느 동물도 자신이 배설물로 표시해 놓은 영역에 침범하는 것을 그냥 놔두지 않는다. 침입자를 발견하면 사생결단의 자세로 돌진, 또 돌진한다. 그래서 코뿔소 사이의 싸움으로 인한 사망률은 다른 포유동물과 비교해 매우 높다. "덩치가 아무리 크더라도 저렇게 큰 머리를 어떻게 지탱할까"라고 걱정하면서도 비정상적으로 커 보이는 육중한 머리를 적으로 향하고 코앞에 달린 뿔로 박아버리는 싸

사진 2-1 아프리카 흰 코뿔소(왼쪽)와 인도 코뿔소(오른쪽)

움에 박수를 보냈다.

코뿔소과rhinocerotidae는 흰 코뿔소, 검은 코뿔소, 수마트라 코뿔소, 인도·자바 코뿔소의 4개 속으로 구성된다. 아프리카의 두 종인 흰 코뿔소(회색에 가깝다)와 검은 코뿔소의 가장 큰 차이점은 입 모양이다. 흰 코뿔소는 풀을 뜯을 수 있는 넓고 편평한 입술을 가지고 있는 반면에 검은 코뿔소는 나뭇잎을 먹기 위해 길고 뾰족한 입술을 가지고 있다.

앞 뿔은 코에서 발달하고 작은 뒤 뿔(존재하는 경우)은 머리뼈 앞쪽에서 발달한다. 대중매체를 통해 흔히 아프리카 코뿔소에 접해와서 모든 코뿔소의 뿔이 두 개인 줄로 알지만 이는 오해다. 아프리카의 흰 코뿔소와 검은 코뿔소, 그리고 수마트라 코뿔소*가 뿔이 두 개이고, 인도 코뿔소와 자바 코뿔소는 뿔이 하나뿐이다. 코뿔소는 암수 모두 뿔을 갖고 있지만, 자바 코뿔소의 암컷은 뿔이 없거나 흔적만 있다. 코뿔소는 종류마다 몸집이 다른 만큼 뿔의 길이도 제각각이다. 지금까지 알려진 가장 긴 코뿔소 뿔은 흰 코뿔소의 뿔로 150센티미터였다. 이 뿔은 도난당해 현재 행방을 알 수 없다. 검은 코뿔소 뿔은 130센티미터다. 인도와 수마트라 코뿔소 뿔의 기록은 각각 57와 60센티미터다. 이 두 뿔은 현재 대영박물관에 소장되어 있다.[1] 검은 코뿔소의 망막에 대한 연구에 따르면 그들은 약 100미터 거리에서 25~30센티미터 크기의 물체를 볼 수 있다.[2] 따라서 코뿔소들에게 뿔의 크기는 상호간에 위협을 느낄 만한 시각적 신호로 작용할 수 있다. 아이러니하게도 코뿔소는 자신의 주둥이에 달린 뿔을 볼 수 없다.

뿔

동물의 뿔은 뼈나 각질로 이루어진 신체 부위 중 하나다. 모양이 길고 뾰족해 공격용이나 방어용 무기로 쓰인다. 생김새가 비슷하면 모두 뿔이라고 통칭하지만, 동물마다 뿔의 재질이나 형성되는 과정이 다르다.[3] 우리에게 친숙한 소, 염소, 양 등의 소과 동물의 경우 그림 2-1에서 보듯이 머리뼈가

그림 2-1 소 뿔의 구조

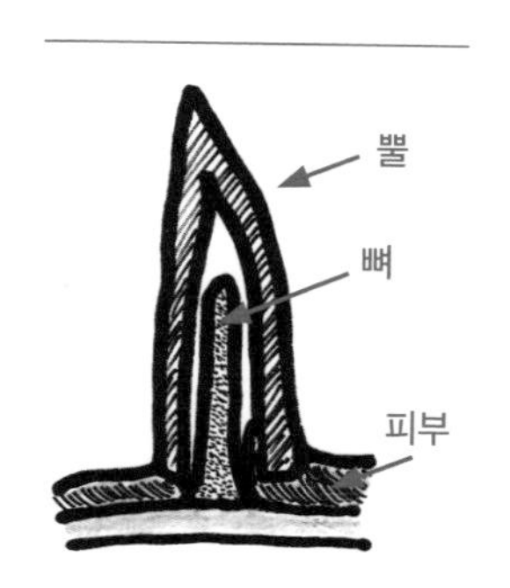

* 현존하는 가장 오래된 코뿔소이지만, 모든 종 중에서 가장 작고 멸종 위기에 처해 있다.

사진 2-2 수사슴의 뿔(왼쪽)과 소의 뿔(오른쪽)

변형된 뼈가 속에 있고 겉 부분은 인간의 손톱이나 털 같은 케라틴keratin 성분(원형 섬유 형태의 단백질)으로 만들어진다. 기린의 뿔은 피골각이라 하며, 머리뼈가 융기한 것이다. 일반적인 뿔과 달리 피부로 덮여 있어 혈관과 신경이 분포한다. 다른 동물과 달리 기린이 싸울 때 뿔은 별로 쓸모가 없다. 코끼리나 멧돼지의 경우는 뿔이 아닌 치아다. 일각고래의 뿔도 앞니가 길게 연장된 것이다. 사슴의 녹용은 머리뼈가 변형된 것이며, 뿔은 뼈 그 자체다.

단단한 피부

아프리카의 흰 코뿔소를 중심으로 뿔의 구조를 살펴보자. 코뿔소는 뿔이 없이 태어나지만 앞 뿔은 생후 1, 2개월경에, 뒤 뿔은 약 1년 후부터 자라기 시작한다. 생애 첫해에 가장 빨리 자라며, 그 후 일생동안 느리지만 지속적으로 성장한다. 코뿔소의 뿔은 뼈 부분이 전혀 없고 성분이 케라틴 재질이어서 발굽과 부리에 더 가깝다. 그림 2-2와 그림 2-3을 보자. 뿔을 세로로 잘라보면 길이 방향으로 여러 개의 박층이 배열되어 있다. 각 박층은 멜라닌 색소에 의해 어둡게 보이는 선으로 구분된다. 각 박층에는 케라틴 재질의 세관이 세로로 붙어 있다. 세관의 직경은 300~500마이크로미터다. 그 사이에는 무정형 케라틴이 채워져 있다. 케라틴 세관의 구조는 겉의 피질과 속의 골수강으로 구성된다. 앞 뿔은 한 번에 1.0~2.0밀리미터, 뒤 뿔은 0.5~2.0밀리미터 두께의 박편이 적층되면서 뿔이 자라난다.[4)]

그림에는 표시하지 않았지만, 뿔에 자외선을 조사해 투과된 **형광**fluorescence을 검출하거나 X-선을 사용해 컴퓨터 단층 촬영CT; computerized tomography하면 뿔의 중심부에는 표면보다 어두운 부위가 길이 방향으로 주기적으로 반복됨을 알 수 있다. 반복 간격은 앞 뿔은 약 6센티미터, 뒤 뿔은 약 2센

그림 2-2 코뿔소 뿔의 형태와 내부 구조

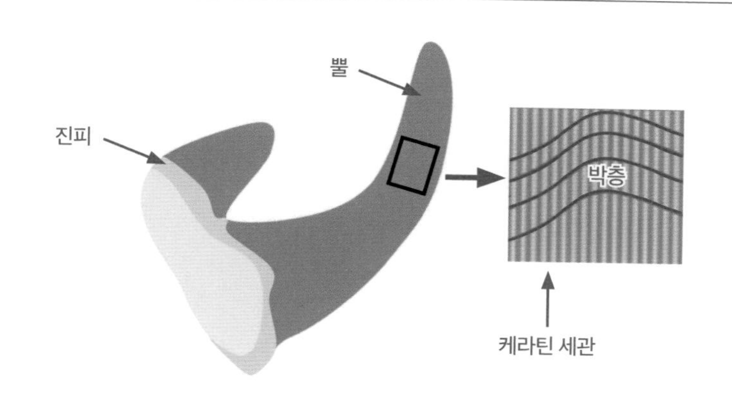

그림 2-3 코뿔소 뿔의 미세조직

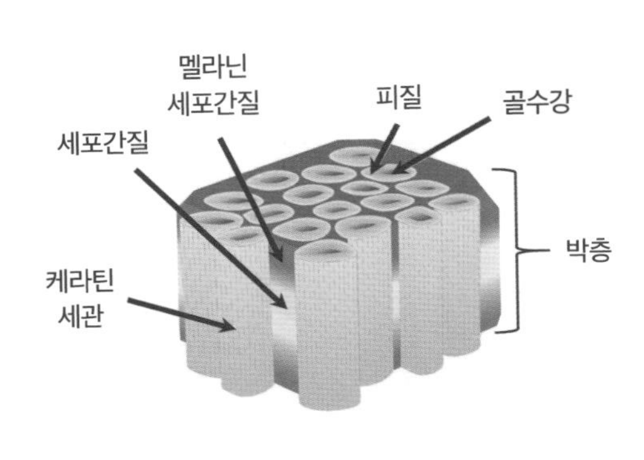

(왼쪽) 코뿔소 뿔의 단면을 스케치한 그림. 무정형 케라틴 매트릭스 내에 케라틴 세관이 무질서하게 배열되어 있다.
(오른쪽) 코뿔소 뿔의 박층의 미세 조직도.

티미터이고, 이 주기성 패턴은 뿔이 1년 동안 성장하는 속도와 정확히 일치한다. 이 현상은 양이나 소의 발톱에 대해 알려진 바와 같이 태양광이나 온도 변화에 의해 케라틴 조직의 성장 속도가 달라지기 때문에 일어난다.

자외선에 비추었을 때 어둡게 나타난 이유는 높은 멜라닌 농도 때문이다. 그런데 멜라닌은 X-선 투과에 민감하지 않다. CT 사진에서 어둡게 나타나는 부분이 있다는 것은 조직이 치밀하거나 X-선을 흡수하는 성분이 존재한다는 의미다. 이 어두운 조직은 인산칼슘염의 농도가 높은데, 인산칼슘염 중에서도 **수산화 아파타이트**hydroxyapatite가 주성분으로 알려졌다.[4] 수산화 아파타이트는 뿔이 부분적으로 광물화된 결과물인데, 소의 뿔처럼 다른 형태의 뿔에서 보이는 특징을 공유하고 있다. 멜라닌과 칼슘의 공존은 영양의 뿔에서도 발견된다. 이상을 종합하면 코뿔소의 뿔은 가는 **장섬유**fiber가 매트릭스에 분산된 복합재료composite material의 전형임을 알 수 있다.

복합 재료

바이크나 F1 머신 드라이버가 착용하는 헬멧은 가벼우면서도 튼튼해야 한다. 이들 제품은 섬유 강화 폴리머FRP; fiber-reinforced polymer로 제조한다. FRP는 섬유를 폴리머 기지상에 분산해 기계적 강도를 극적으로 높인 소재다. FRP에 사용되는 섬유로는 유리, 탄소, 아라미드, 현무암, 종이, 목재, 석면 등이 있다. 기지상인 폴리머 또는 플라스틱은 보통 에폭시, 비닐 에스터, 폴리 에스터와 같은 열경화성 재질이다. 섬유는 제품의 강성을 유지하고, 폴리머는 섬유 사이에 접착력과 유연성을 제공한다. 또한 섬유가 열, 추위, 비, 먼지와 같은 외부 환경에 노출되었을 때 변질되는 것을 방지한다. 그림 2-4의 제조 공정은 섬유를 단순히 나란하게 배열하는 방법만 보여주지만, 그림 2-5처럼 옷감을 짜듯이 섬유를 배열하거나 섬유의 방향을 틀어가면서 쌓아가는 등 다양한 패턴을 활용할 수 있다.

그림 2-4 FRP 제조 공정도

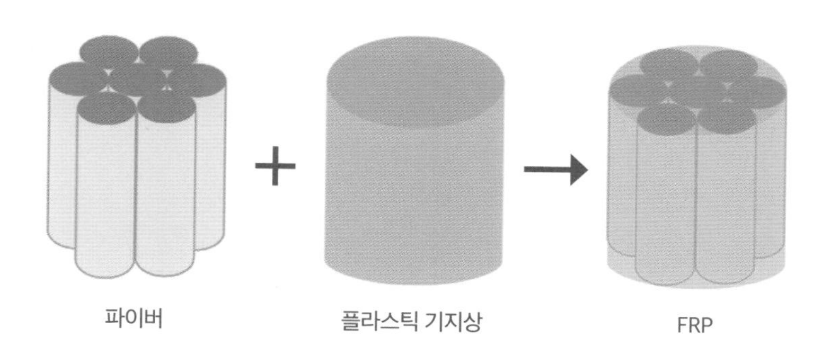

그림 2-5 FRP 섬유의 직조법

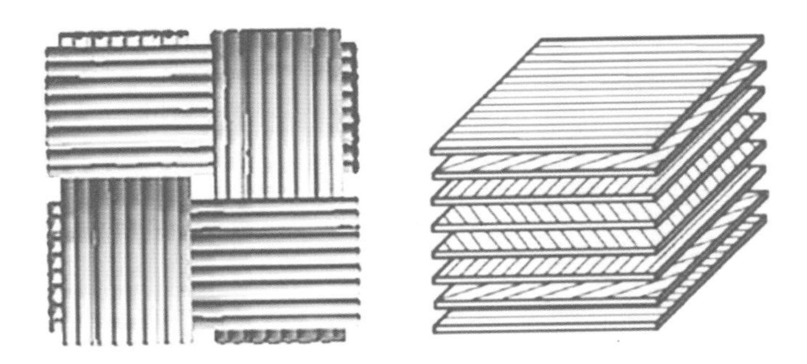

(왼쪽) 일정한 폭의 섬유를 엇갈리게 직조하는 방법과, (오른쪽) 한 방향으로 배열된 FRP 시트를 각도를 변화시키면서 적층하는 방법.

그림 2-6 FRP와 다른 소재의 특성 비교

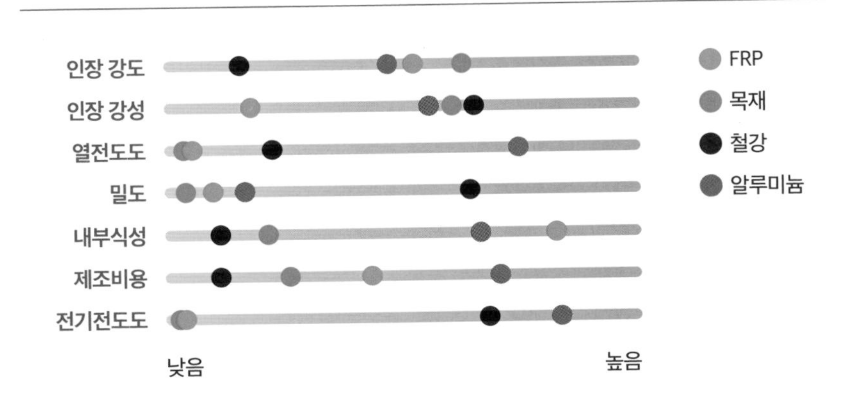

인장 강도와 인장 강성은 단위 무게당 특성이다.

FRP는 단일 소재로 만든 제품보다 월등히 많은 장점을 가지고 있다(그림 2-6). 우선 유기 물질을 이용하므로 경량화에 적합하다. 화학 물질에 의한 변질이 적으며, 내구성이 우수하다. 전기적으로 절연체이고, 방습성이 좋다. 무엇보다도 높은 강도를 나타내므로 자동차, 항공 등의 산업에서 각종 구조 재료로 사용되고 있다. 예를 들어, 아라미드 섬유를 사용한 FRP의 밀도는 단위 세제곱센티미터 당 1.4그램(물보다 약간 큰 정도)밖에 안 되지만 **인장 강도**tensile strength는 따라올 소재가 없다.[5] 코뿔소의 뿔이 그리 강한 데는 다 이유가 있는 셈이다.

황금 코뿔소

아마도 우리는 아프리카 대륙에 대해 거의 모른다고 고백해야 맞겠다. 코끼리, 사자, 코뿔소라면 조금이라도 안다고 할까, 역사라면 자신이 없다. 현세대의 강국인 유럽과 북미대륙을 중심으로 배워서 그럴지도 모른다. 남아프리카 공화국의 북동부 지역은 짐바브웨, 보츠와나와 국경을 맞대고 있다. 여기서 발견된 10~13세기 유적은 놀랍게도 원거리 무역을 독점하고, 철기를 다루며, 대규모 석조 구조물을 건설하기 위한 노동력을 동원할 수 있는 중앙집권적 세력이 번성했음을 보여준다. 가축 방목에 적합한 사바나 기후와 풍부한 구리와 상아가 그 원동력이었다. 이 지역의 이름은 마풍구브웨Mapungubwe이고, 유네스코 세계 문화유산으로 등재되어 있다.[6] 과거에 존재했던 남아프리카의 문명을 우리만 몰랐던 것이 아니다. 아파르트헤이트 시절 식민지배자인 백인 교수들 간에 문명화된 현지 역사에 대해 격렬한 논쟁이 벌어진 바가 있다.

사자 사냥에 나섰던 사냥꾼 무리가 발견한 무덤에서 코뿔소 나무 조각상에 금박을 입힌 유물이 발굴되었다. 신기한 점은 아프리카에서 흔히 볼 수 있는 뿔이 두 개인 코뿔소가 아니라 뿔이 한 개뿐인 조각상이라는 사실이다. 인도나 자바 코뿔소를 형상화한 작품임이 틀림없다. 함께 발견된 수천 개의 유리 구슬은 인도 남부에서 수입한 것으로 추정된다. 그리하여 현재 농업과 목축업 경제가 바탕인 남아프리카는 과거 낯선 세계와 원거리 교역을 했던 문명의 지위를 획득했다.

인도의 외뿔이 코뿔소는 그 출신지답게 불교 경전에 등장한다. 불교에서 가장 오래된 불경인 숫타니파타Sutta Nipata에는 '무소의 뿔'이라는 여러 경구로 구성된 장이 있다.[7] 여기서 무소는 코뿔소의 순우리말이다. 이 장의 주제는 '지금은 고독하고 힘들지만 앞에 놓인 어렵고 고된 현실을 혼자의 힘으로 굳건하게 이겨 나가라'다. 뿔이 하나이며, 새끼 딸린 어미를 제외하고는 단독생활을 한다. 또한 코뿔소는 강인하면서 그저 앞만 보고 싸워 이겨 나가는 성질을 보인다. 그래서 첫 경구에 등장하는 '무소의 뿔처럼 혼자서 가라'는 구절은 불교 신자가 아니더라도 왠지 마음을 울리는 구석이 있다.

트로피 사냥

코끼리 이외에는 적수가 없고, 불교의 경전에 등장해 경외심을 일으킨들 무슨 소용이 있을까. 모든 생물의 천적은 인간이듯이, 코뿔소도 인간에 의한 멸종 위기에서 자유로울 수 없다. 코뿔소는 크고 공격적이지만 매우 쉽게 밀렵당한다. 코뿔소는 매일 물웅덩이에서 물을 마셔야 하기 때문에 쉽게 표적이 된다. 인간이 코뿔소의 뿔을 취하는 이유는 다양하다.

서각犀角은 한방에서 코뿔소의 뿔을 가리키는 용어다. 서각은 그 성질이 매우 차서 해열제, 해독제, 지혈제 등으로 쓰이고, 우황청심원에도 들어간다. 당연히 '야생동식물의 국제거래에 관한 협약CITES; Convention on International Trade in Endangered Species of Wild Flora and Fauna'에 의해 국내 반입이 불가하고, 구하는 것만으로도 불법이다. 현재 판매되는 우황청심원에는 약효가 서각의 십분의 일 수준으로 알려진 물소 뿔로 대체되었다고 한다. 성분으로만 따진다면 서각은 손톱과 동일할진대 우리 인간의 손톱은 약효가 없으니 야생 동물에게 미안함을 느낄 따름이다. 촘촘하고 단단한 털로 이루어진 치밀한 덩어리를 칼로 조각해 기념품을 만든다. 예멘과 오만에서는 단검 손잡이로 사용된다. 뿔의 단단함 때문에 인간에 의한 코뿔소의 수난이 가중된다.

트로피 사냥은 죽인 야생 동물의 일부를 트로피로 보관하고 전시하는 스포츠 사냥의 일종이다. 수집하는 트로피는 대부분 뿔, 모피, 머리, 엄니 등이다. 트로피 사냥은 종종 비난받는데, 그 이유는 사냥꾼들이 단순한 수집을 넘어서 가장 크고 희귀한 동물을 사냥했다는 영광에 집착하기 때문이다. 그들은 멸종 위기에 처한 동물을 보호하는 데 관심이 없다. 사냥 허가를 얻기 위해 매우 비싼 비용을 기꺼이 지불한다. 심지어 사냥이 금지된 국립공원 밖으로 동물을 유인한 후 잡아버린다. 2000년대 중반부터 10년간 아프리카에서 미국으로 건너간 사자, 코끼리, 코뿔소, 물소, 표범의 트로피는 32,500개에 달한다.[8)]

코뿔소를 밀렵꾼으로부터 보호하려는 노력으로 기가 막힌 수단을 동원

사진 2-3 숫사슴 트로피로 장식된 홀

하기도 한다. 바로 값어치가 나가는 뿔을 미리 제거하는 것이다. 뿔의 상부(기저로부터 약 6센티미터 이상)에는 혈관이나 신경 연결이 없어서 뿔을 잘라내도 출혈이나 통증을 일으키지 않는다. 뿔의 기저부에 있는 발아층을 손상시키지 않기 때문에 뿔은 다시 자란다. 뿔의 가치를 낮추기 위해 화합물을 주입해 뿔을 오염시키는 방법도 있다. 약물은 코뿔소에 어떤 부작용도 일으키지 않지만, 사람이 취급하기에는 적합하지 않다. 뿔을 소비하지 못하거나 장식용으로 쓸모없게 만든다.

지구상 모든 포유류의 25퍼센트, 조류의 33퍼센트, 파충류의 20퍼센트, 양서류의 25퍼센트, 어류의 35퍼센트가 멸종 위기에 처해 있다.[9] 이름도 없는 생물 몇 종이 사라지는 것을 대수롭지 않게 여길지 모르지만, 그 영향은 먹이사슬 전체에 걸친다. 그러나 굳이 생태계를 들먹이지 않아도 다음과 같은 문장이라면 코뿔소를 위하는 마음이 충분히 전달되지 않을까.

'자연의 자가치유 능력이 제아무리 뛰어나다 한들, 그 능력을 발휘하는 데에도 한계는 있다. … 그렇게 많은 사람들이 코뿔소와 앵무새와 카카포와 돌고래를 지키는 데 인생을 거는 이유도 이 때문일 것이다. 이유는 아주 단순하다. 그들이 없으면 이 세상은 더 가난하고 더 암울하고 더 쓸쓸한 곳이 될 것이기 때문이다.'[10]

용어 해설

섬유: 장섬유와 단섬유

장섬유는 파이버, 단섬유는 휘스커[whisker]라고 한다. 장섬유는 본문에서 언급한 대로 FRP와 같은 복합 재료를 제조하는 데에 사용한다. 단섬유 역시 복합 재료의 주요 물질인데, 주로 세라믹 재료와 복합되어 파괴 **인성**(10장 용어 해설 참조)을 증진시킨다.

소결체

소결[sintering]이란 고체의 미세분말을 사용해 일정한 모양으로 성형한 후 고온에서 열처리해 치밀한 재료 부품으로 제조하는 공정이다(도자기를 굽는 공정이 바로 소결이다). 작은 분말 입자들의 집합체는 물질 이동과 열적 활성화 과정을 거쳐 하나의 덩어리를 이루게 된다. 소결 공정의 목표는 다공체 제조를 제외한다면 완전히 치밀화되고, 미세한 결정 입자를 갖는 부품의 제조다. 소결 공정으로 얻은 소재를 소결체라고 한다.

소결은 크게 액상 소결[liquid phase sintering]과 고상 소결[solid phase sintering]로 구분한다. 액상 소결은 이물질을 첨가해 액상을 생성시키면서 소결한다. 확산 속도가 빠르고 고상의 용해도가 높다는 액상의 특성을 이용한다. 소결 시간이 짧고, 치밀화가 쉽게 이루어지며, 공정 비용이 낮다는 장점이 있다. 고상 소결은 액상이 출현하지 않는 온도에서 소결한다. 소결체에 액상이 잔존하지 않으므로 각종 물성이 우수하다.

수산화 아파타이트

수산화 아파타이트는 치아와 뼈의 주성분이다. 수산화 아파타이트의 화학식은 $A_{10}(BO_4)_6X_2$이다. 칼슘 수산화 아파타이트라면 A는 Ca, B는 P, X는 OH이다. 뼈의 경우, 아파타이트가 중량비로 ~70%, 부피비로 ~50% 차지한다. Ca, PO_4, OH기를 다른 이온으로 치환하면 격자 상수(10장 용어 해설의 **사방정계** 참조)가 변하고, 물에 대한 용해도가 달라진다. 예를 들어, OH기를 F로 치환해 불소화시키면 치아의 손상이 지연된다.

수산화 아파타이트는 인체의 기능을 대신하는 보조재로 유용하다. 수산화 아파타이트는 치밀한 **소결체** 또는 다공체(3장 용어 해설의 **다공성 물질** 참조)로 제조한다. 치밀한 수산화 아파타이트는 의치와 정형외과용 소재(이상 블록 형태), 뼈가 손상된 부분의 충진재(분말 형태) 등으로 사용된다. 다공체 아파타이트는 뼈 이식용으로 사용한다. 다공체의 기공 안에 조직을 성장시켜 이식한 소재가 뼈에 정착할 수 있도록 도와준다. 직경이 약 200나노미터인 기공이 65% 이상이어야 한다.

인장 강도

재료가 늘어나거나 당겨지는 동안 파손되기 전까지 견딜 수 있는 최대 응력을 의미한다(7장 용어 해설의 **연성** 참조).

형광

8장 용어 해설의 **냉광** 참조

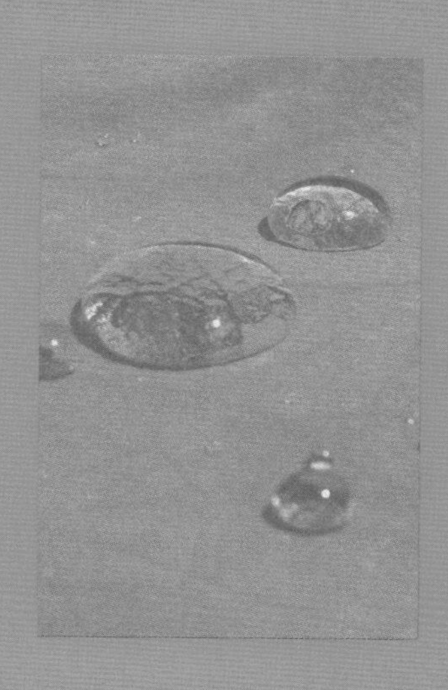

MATERIALS
SCIENCE

제 3 장 무지갯빛

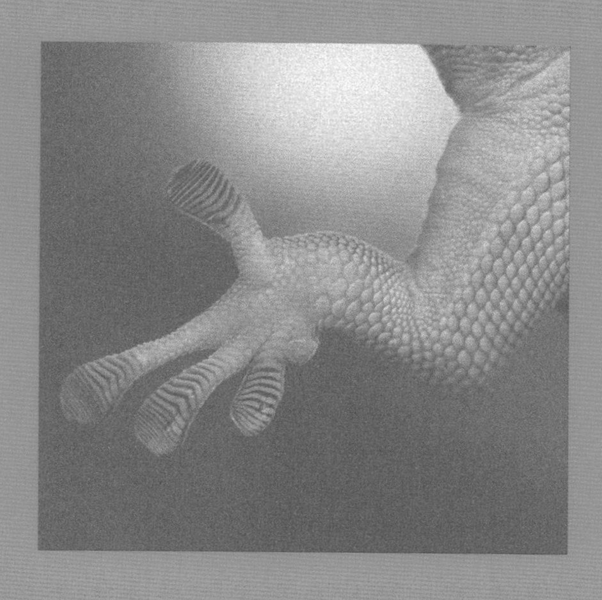

모르포나비

이 나비의 날개 대부분은 햇빛이 반사되어 만들어내는 영롱한 금속성 푸른색을 띠고 있고, 가장자리는 갈색의 띠가 둘려져 있다. 날개를 접으면 뒷면에 나비가 일반적으로 취하는 천적에 대한 방어 전략으로 채택한 갈색의 알록달록한 동그란 무늬 여럿이 우리를 빤히 쳐다보고 있다. 에메랄드빛 바다를 쳐다보면 그 깊이를 알 수 없어 온몸이 빠져드는 듯한 착각을 일으키듯이, 이 나비의 푸르름도 날개 너머로 다른 공간이 존재하는 양 깊숙한 곳으로부터 색을 발산하고 있다. 더구나 날갯짓을 할 때마다, 그리고 사람의 손을 피하기 위해 서커스와 같은 비행 기술을 뽐낼 때마다, 푸른색은 초록색, 보라색, 심지어 검은색으로 변신하다 다시 푸른색으로 돌아온다. 이 모든 것은 순식간에 일어나 그 현란함에 눈길을 빼앗기다 보면 부동자세로 서 있는 자신을 발견하게 된다. 나비는 천적으로부터 도망칠 충분한 시간을 벌었다.

사진 3-1 나뭇잎에 앉은 모르포나비

이 나비의 이름은 모르포나비Morpho butterfly다. 모르포나비는 1만 8,000종에 이르는 나비 중 하나이고, 날개의 최대 길이는 20센티미터에 달하며 주로 중남미의 열대림에 서식한다. 모르포의 어원은 '형태'나 '모양'을 뜻하는 그리스어 모르포μορφώ에서 유래한다. 영단어 morph는 언어학에서는 최소 형태나 형태소의 구체적인 표현이라는 의미이고, 생물학에서는 동일종 내에서 뚜렷이 구별되는 동소성과 동시성을 가진 서로 교배 가능한 그룹이다. 'morph'가 단어 형성 요소로 사용되어 형태학morphology, 형태형성과정morphosis, 이異형태allomorph 등의 단어가 파생된다. 재료과학에서는 동질이상이 대표적이다. 이 나비는 보는 각도에 따라 깊이가 다른 색상으로 인해 모르포라는 이름을 갖게 되었다.

나비목lepidoptera의 어원은 그리스어로 비늘을 의미하는 lepis와 날개를 의미하는 pteron으로부터 유래한다. 같은 나비목에 속하는 나방은 나비보다 훨씬 많은 14만 7,000종에 이른다. 벌이나 딱정벌레가 식물의 수분에 중요한 위치를 차지하고 있는 것과 비교해 나비는 수분에 그다지 기여하지 않는다. 오히려 나방이 더 중요하다. 꿀벌이 사라지면 농업의 태반이 붕괴되어 인류도 멸망한다고 하지만 나비의 멸종에 대해 먹을거리와 연관지어 걱정하는 사람은 없다. 그저 몇 종의 꽃이 없어지는 정도이니까.

인간과 나비와의 관계는 다른 곳에서 접점을 가진다. 고대 중국의 철학자 장자는 호접지몽胡蝶之夢으로 알려진 글*에서 나비를 매개로 해 '꿈은 망상이 아니고 서로 다른 실체를 매개하는 것'이라고 주장한다. 원문은 다양한 의미로 해석할 수 있는데, '사물을 인간이 아닌 자연의 관점에서 바라보아야 한다', '의식에 사로잡히지 않는 자유로운 경지에서 자연과 융화된 삶의 방법을 추구하라' 등이다. 그런데 왜 하필이면 나비인가? 가만히 들판에 앉아서 주위를 둘러보면 나비만큼 아름답고 자유롭게 날아다니는 곤충은 보이지 않는다. 연약한 개체가 팔랑거리는 모습은 존재 자체로 들판에 평화를 가져오는 듯하다. 나 자신을 들판의 어느 생명체와 동일시하고자 한다면 나비야말로 제격임을 장자의 글을 읽고 나서야 깨달았다.

나비는 문학이나 그림의 훌륭한 소재이며 인간은 모든 곤충 중에서 나비에 대해 가장 사랑스러운 감정을 가짐에도 불구하고 입장을 바꾸면 나비에게 인간은 새에 버금가는 천적이다! 바로 그 아름다움 때문에 그러하다. 우리는 어릴 때 곤충채집을 나가서 아마도 나비를 가장 많이 잡아왔던 기억이 있을 터다. 몸통만 따로 떼어놓으면 징그럽기 짝이 없지만 현란한 날개의 색상은 충분한 보상을 하고도 남는다. 유럽 금융의 권력가 로스차일드 가

---

* 호접지몽은 제목이 아니고 글 속에 나오는 단어다.

문의 라이오넬 월터 로스차일드는 무려 225만 마리의 나비 표본을 수집해 대영박물관에 기증했다. 곤충학자들은 학문을 위해 어쩔 수 없이 채집하지만, 모르포나비와 같은 특별한 종류는 종족번식을 위협할 정도로 잡아댔다. 열대림의 벌목이나 농지로의 개간 역시 이들을 위협하는 인간의 행위다.

이런 상황은 역설적으로 나비를 대상으로 하는 산업이 탄생하는 동기가 되었다. 코스타리카의 코스타리카 곤충공급사Costa Rica Entomological Supply는 세계적인 규모의 나비 번데기 수출업체다.[1)] 회사가 위치한 산호세 주변의 시골에서 가족 단위로 나비를 기르는 주민들이 번데기를 납품하면, 회사가 고용한 지역민들이 후공정을 마무리해 해외 각지로 수출한다. 나비를 전문적으로 기르는 대단위 농장도 등장했는데, 코스타리카를 비롯해 파푸아뉴기니, 페루 등지의 나비 농장은 나비를 판매하고, 아이들의 견학 장소도 제공한다. 이러한 산업이 가능하게 된 것은 기존의 농작물에서 발생하는 소득보다 나비와 번데기의 판매 소득이 앞서기 때문이다. 따라서 숲의 개간 속도도 완화되었다.

이제부터 이 장의 주인공인 모르포나비의 날개를 들여다보자. 나비의 날개는 얇고 평평한 조직이 두 장 겹쳐진 구조이고, 두 쌍의 날개의 앞뒤 면에는 작은 비늘scale이 나란히 박혀 있다. 보통의 나비라면 비늘에 있는 **색소**colorant로 인해 빨강, 주홍, 노랑, 초록, 파랑, 보라, 갈색, 검정 등의 색이 날개에 나타난다. 그런데 모르포나비의 푸른색은 색소에 의한 것이 아니고* 날개 비늘의 규칙적인 **나노 구조**nanostructure에 기인한다. 즉, 비늘의 미세한 구

* 엄밀히 말하자면 색소도 일부 작용한다. 자세한 내용은 참고문헌 2를 참조하라.

조가 가시광선 파장과 간격이 유사하기 때문에 태양광이 날개 표면에서 **산란**scattering될 때 일정한 파장의 빛만 **회절**시킨다. 1장의 용어 해설에서 설명한 브래그 회절식의 핵심은 전자기파(엑스선이나 가시광 모두 파장이 다를 뿐 전자기파의 일종이다)가 규칙적으로 배열된 구조물에서 반사될 때 전자기파의 파장이 구조물의 간격이나 크기와 비슷하다면 회절 현상으로 반사되는 빛의 파장, 즉 색상이 구조물의 간격에 의해 정해진다는 것이다. 간격이 짧을수록 회절파는 단파장으로 이동한다. 이러한 원리로 발현되는 색상을 **구조색**structural color이라고 한다. 비온 후 길바닥에 퍼진 물 위에 뜬 기름막에 반사되는 무지갯빛이 바로 기름막의 적당한 두께가 작용한 구조색의 예다. 나비 번데기의 몸을 덮고 있던 세포의 일부는 성충이 되면서 죽는데, 그 세포막은 남는다. 남은 세포막은 단단해지면서 주름이 지고, 이 간격은 매우 일정하게 배열되어 있어서 파란 파장의 빛이 회절되는 조건을 충족시킨다.

청색 안료

모르포나비의 매혹적인 청색은 웃지 못할 오해를 불러일으켰다. 나비의 비늘은 날개에 단단히 고정된 것이 아니다. 맑은 날 나비의 날갯짓을 역광으로 보면 날개로부터 떨어져 나오는 비늘이 반사되어 보일 때가 있다. 마치 창틈으로 새어 들어온 빛에 의해 흩날리는 먼지가 보이듯이. 주로 키틴chitin으로 이루어진 비늘 가루는 매우 작기 때문에 곤충학자는 비늘을 흡입하지 않도록 나비를 조심히 다루어야 한다.

현대에는 색감이 우수한 물감이 합성되어 화가들이 청색을 묘사하는 데 전혀 어려움이 없다. 그러나 중세는 청색 물감이 매우 귀하던 시절이다. 화가가 가장 손에 넣고 싶어 했던 청색 **안료**pigment는 울트라마린ultramarine이었다. 원료는 청금석lapis lazuli으로 아프가니스탄에서 수입해야 했기 때문에 매우 비쌌다. 이 안료를 인공적으로 합성하게 된 것은 19세기에 이르러서다. 울트라마린을 대체하는 청색 안료는 아주라이트azurite인데, 불순물이 많아서 울트라마린보다 약간 녹색을 띤다. 유럽 대륙에서 생산되기 때문에 값은 싸지만 시간이 지나면 안정성이 낮아서 퇴색된다. 중세의 그림을 보면 보기에 안 좋은 칙칙한 갈색이 나타나는 부분이 있는데, 그곳은 아주라이트로 채색했을 확률이 높다. 혹시라도 청색 안료를 얻고자 모르포나비를 잡아들이지는 말자. 알다시피 비늘을 털어내도 그것은 청색과는 거리가 먼 분진에 불과하다. 다행히 나비는 비늘이 웬만큼 떨어져도 날 수 있다. 강제로 비늘이 벗겨진 나비는 단지 아름다움을 상실할 뿐이다.

안타깝게도 화려한 무지갯빛으로 인해 떼죽음을 당한 곤충이 실재한다. 17세기에 비단벌레jewel beetle는 의상, 머리 장식, 예술품, 보석 등에 사용되었

사진 3-2 비단벌레

다. 화려한 방을 장식하기 위해 무려 140만 마리 이상의 비단벌레를 잡아들인 적도 있다.[2)] 벨기에 브뤼셀 궁전 내 어느 방의 지붕은 무지개 빛깔의 비단벌레 날개로 장식되었고, 돔에 달린 전등의 표면도 날개로 뒤덮였다. 후대에 이 방은 우리 세기의 가장 위대한 예술 작품 중 하나로 명성을 얻었다. 그러나 나비의 비늘과는 달리 비단벌레의 겉날개는 생명과 직결된다. 아이러니하게도 그 방의 이름은 '기쁨의 천국Heaven of Delight'이다.

공작

사실 모르포나비는 우리나라에 서식하지 않으므로 우리는 표본을 통해서 죽은 나비를 볼 뿐이다. 다행히 구조색으로 발현하는 청색을 가까이서 볼 기회가 있는데, 그것은 바로 동물원의 공작peafowl이다. 공작은 아시아와 아

사진 3-3 공작새의 깃털

프리카에 서식하는 닭목 꿩과의 조류이고, 원산지는 인도, 자바, 콩고 등지로 대별된다. 우리나라에서 보이는 공작의 대부분은 인도산 공작으로, 기르기가 쉽고 번식력이 강하기 때문이다. 수컷 공작peacock의 깃털은 매우 화려한데, 깃털까지 합한 몸길이는 2미터에 달한다. 허리에 난 깃털에 점점이 박혀 있는 화려한 무늬는 발정기 구애 활동에 유용하다. 장식깃의 상태가 화려한 수컷은 천적의 눈에 띄기 쉽다는 불리함에도 불구하고 야생에서 살아남았다는 의미이기 때문에, 암컷은 우수한 유전자를 가진 상대로 인식한다. 그런데 돌연변이로 몸통과 깃털 전체가 하얀 공작도 태어난다.

자개

불과 이십여 년 전만 해도 우리나라의 가정이 보유한 고급 가구 중 으뜸은 나전칠기로 마감된 장롱이었다. 앞면에 장식된 화려한 자개 문양은 보는 각도에 따라 다른 색을 발산해 신비로움을 자아낸다. 유명한 명장의 작품은 (제품이 아니라 예술의 경지에 오른 '작품'이다) 수천만 원을 호가하기도 했다. '나전'은 전복, 진주조개, 소라 등의 자개 껍데기를 연마, 가공해 만든 장식품이고, '칠기'는 옻나무 수액을 정제해 도포한 기물을 말한다. 옻나무 수액(옻칠)에 산화철 분말을 혼합해 나무 위에 칠하면 맑으면서도 한없이 깊은 검정색이 얻어진다. '칠흑같이 어둡다'라는 표현은 검은 옻칠에서 유래된 것이다. 검은 바탕에 영롱한 자개를 붙이면 자개가 가진 본연의 오색찬란함이 더욱 빛난다.

사진 3-4는 자개 작품을 보여주는데, 자개패의 색상은 조개의 종류와 그

사진 3-4 나전칠기 작품

저자 촬영

산지에 따라 다양하게 나타난다. 사진에서 보이는 여러 색상도 자개패의 종류에 따른 것이다. 전자현미경으로 자개 단면의 **미세구조**microstructure를 관찰하면 두께가 약 400에서 500나노미터인 얇은 판(성분은 탄산칼슘)들이 질서정연하게 여러 장 겹쳐져 있는데, 바로 구조색을 발현하는 조건을 만족시키고 있다.

나노 구조

지금까지 언급한 모르포나비, 공작, 자개 등은 구조색을 나타내는데, 현미경으로 확대하면 이들은 어떠한 미세구조를 가지고 있을까? 구조색이 나타나려면 두 가지 조건이 만족되어야 하는데, 첫째 일정한 패턴의 크기가 가시광선의 파장과 비슷해야 한다. 둘째, 이러한 패턴의 간격이 넓은 면적에 걸쳐서 일정해야 한다. 그런데 패턴을 규칙적으로 배열하는 방법에는 한 방향

그림 3-1 모르포나비의 비늘을 단면으로 자른 모양

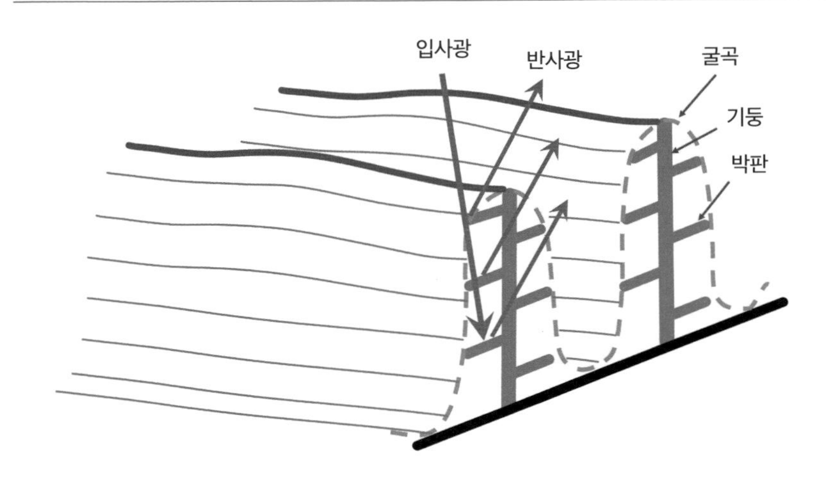

(1차원), 두 방향(2차원), 세 방향(3차원)이 있다. 또한 패턴의 형태에도 여러 종류가 있을 수 있다. 다시 말하면 구와 같은 단순한 형태의 물질이 각 차원으로 배열할 수도, 또는 3차원적으로 복잡한 형상의 구조물이 재차 배열할 수도 있는 것이다. 현미경으로 저배율에서 고배율로 확대해 나갈 때 일정한 패턴 속에 또 다른 패턴이 숨어 있는 구조를 **중층 구조**hierarchical structure라고 한다. 모르포나비의 날개와 공작의 깃털은 중층 구조에 속한다.

그림 3-1은 모르포나비의 비늘의 단면 구조를 개략적으로 그린 그림이다.[3] 기다란 굴곡ridge이 대략 1마이크로미터 떨어진 간격으로 나란히 발달해 있다. 각 굴곡은 수직한 기둥pillar과 기둥의 양쪽으로 엇갈리게 붙은 수평 박판lamella으로 이루어져 있다. 박판과 박판 사이의 간격은 약 200나노미터다. 구조색은 각각의 기둥 내에서 발현되며, 그림에서 보듯이 여러 층의 박판에서 빛이 반사되어 반사율이 올라간다. 또한 파장이 약 600나노미

그림 3-2 공작 깃털의 미세구조를 개략적으로 그린 그림

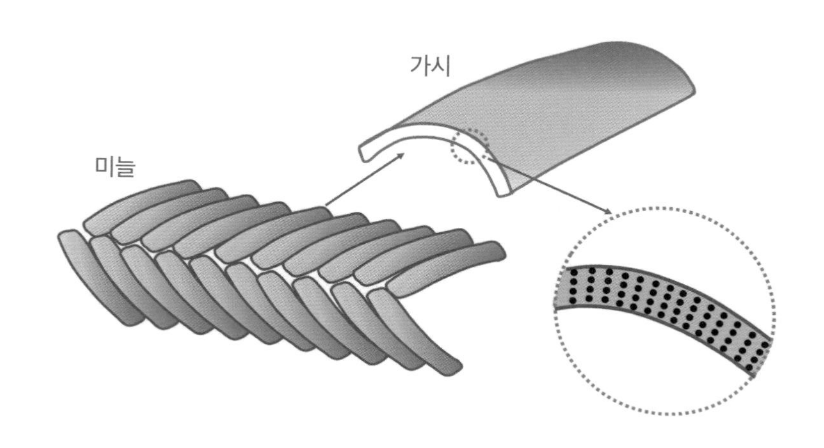

터인 광에 대해 비늘의 흡수율이 높은데, 이 파장은 청색에 대한 **보색**complementary color에 해당한다. 따라서 반사광이 우리 눈에는 청색으로 보인다. 즉, 모르포나비의 청색은 구조색과 보색이 절묘하게 결합된 결과물이다.

공작 깃털의 나노 구조를 그림 3-2에 개략적으로 그렸다. 깃털을 확대하면 좁고 가느다란 가시barbule들이 깃털의 길이 방향으로 촘촘히 붙어 있다. 폭은 약 30마이크로미터다. 가시는 바깥쪽으로 볼록해 마치 기다란 기왓장 같은 모양이다. 두 줄이 엇각으로 붙어서 하나의 미늘barb을 형성하고, 이러한 미늘이 여러 줄 모여서 깃털을 이룬다. 그런데 가시의 단면을 더욱 확대하면 내부에 작은 입자들이 규칙적으로 배열되어 있음을 볼 수 있다. 입자의 직경은 약 110~130나노미터다. 두께 방향으로의 입자간 간격에 따라 깃털의 색상이 정해진다.[4] 예를 들어, 140~150나노미터이면 청색, 150나노미터이면 녹색, 165~190나노미터이면 노란색 깃털이다. 한편 길이 방향으로의

배열은 다소 무질서하다. 입자의 성분은 멜라닌melanin으로 입자를 투과한 빛은 어두운 갈색이다. 따라서 공작 깃털의 색은 2차원적으로 규칙 배열된 입자들로 인한 구조색에 기인한다.

미세구조에서 중층 구조가 유지되는 영역이 길거나 넓을수록 구조색으로 나타날 수 있는 색상이 다양해진다. 공작 깃털의 경우 미늘의 폭이 30마이크로미터인 반면에 모르포나비의 비늘은 1마이크로미터 이내다. 중층 구조 영역이 넓어질수록 불규칙한 구조가 개입될 가능성이 높아지므로 빛의 기하적인 입사 방향에 따라 다양한 간섭색과 함께 여러 방향으로 흩어진 산란광이 나타난다. 이 영역이 좁으면 회절광이 지배적으로 되어 단색광에 가까워진다.

사진 3-5를 보면 자개패의 미세구조는 두께가 470나노미터인 단순한 형

사진 3-5 자개패 단면의 전자현미경 사진

저자 촬영

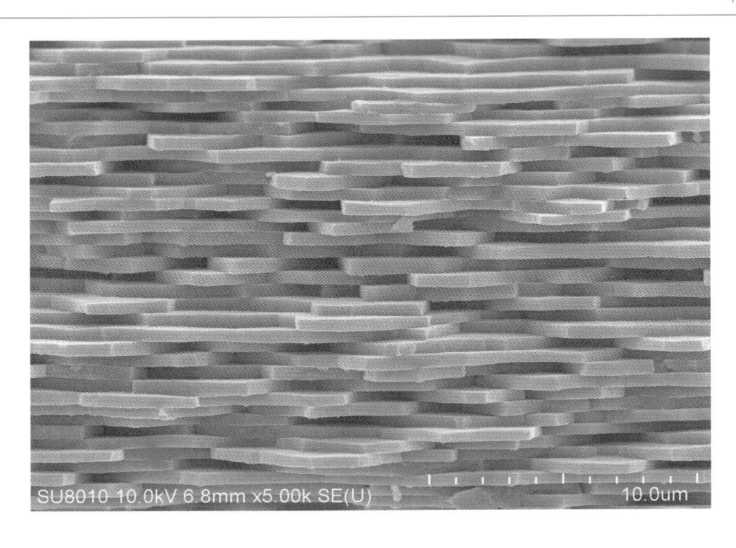

태의 판상 물질이 일축 방향으로 배열된 모습이다. 이는 가장 간단한 구조이고, 중층 구조는 아니다. 1장에서 언급한 브래그 회절식으로부터 유추할 수 있듯이 나노 패턴의 크기와 배열 간격이 일정할수록 반사되는 빛의 강도는 특정한 방향에서 가장 강하다. 그 각도에서 벗어나면 고유한 구조색보다 흐릿해진다. 자개패의 구조는 단위 패턴이 단순한 모양이고 배열 간격이 매우 일정하기 때문에 구조색 역시 특정한 각도로 볼 때 가장 강렬하다.

광결정

여러 생물에서 발견되는 구조색은 많은 과학자에게 영감을 불러일으켰다. 예를 들어, 옷감의 채색에 쓰이는 각종 **염료**dye는 하천을 오염시키는 원인인데, 구조색으로 구현된 옷감은 염료를 대체할 수 있어서 친환경적이라고 할 수 있다. 무엇보다도 구조색은 빛의 경로를 조절한 결과로 나타나는 현상이므로 그 미세구조를 모방하면 빛을 자유로이 다룰 수 있을 것이다. **광결정**photonic crystal이란 규칙적인 나노 구조를 재현해 빛을 제어하는 인공 결정을 말한다. 공작의 깃털에서 관찰되는 미세구조가 가장 단순한 광결정 구조를 가지고 있고, 모르포나비 역시 광특성을 보인다.

사진 3-6 오팔 장신구

최초의 광결정 개념은 오팔opal에서 비롯했다. 오팔은 오스트레일리아와 멕시코가 주산지인 보석이다. 투명 또는 불투명한 무지갯빛의 광택을 내고, 보는 방향에 따라 색깔이 다양하게 변하는 구조색을 나타낸다. 주성분은 수분이 포함된 규산염 광물($SiO_2 \cdot nH_2O$)이다. 직경이 수백 나노미터인 실리카 구가 **최밀충진**close-packed 되어 빛이 회절되는 조건을 만든다.

광결정은 특정 파장(즉, 에너지)의 빛을 투과시킬 수 없는데, 이는 반도체 단결정이 특정한 에너지의 전자를 투과시킬 수 없는 것과 마찬가지 이유 때문이다. 반도체가 전자에 대한 **띠틈**band gap을 가지는 것처럼 광결정은 빛에 대한 광띠틈photonic band gap을 가져서 빛을 차단한다. 반도체 재료를 사용해 전류를 한 방향만으로 흐르게 하는 소자(다이오드), 전류의 크기를 증폭하거나 스위칭하는 소자(트랜지스터) 등을 제조하는데, 광결정은 빛을 사용해 이와 동일한 기능을 구현하는 소자다. 실리카나 라텍스로 제조한 **단분산** monodisperse 구를 규칙적으로 충진시키면 광결정이 얻어진다. 이렇게 얻은 광결정의 틈새로 다른 물질을 침투시킨 후 원래의 구를 제거해 구형의 빈 공간을 규칙적으로 배열시켜도 광을 제어할 수 있다. 이를 역오팔inverse opal 광결정이라고 한다.

다시 나비 이야기로 돌아가보자. 저지대와 고지대에 사는 나비는 서식지의 온도가 서로 다르다. 모르포나비처럼 비늘의 구조가 규칙적이어서 광결정 특성을 가진다면 특정 파장 영역의 빛을 반사할 것이다. 그 반면에 갈색을 띤 나비의 날개는 빛을 반사하기보다 색소로 빛을 흡수하므로 몸을 덥히는데 더 유리하다.[5] 따라서 구조색이 아닌 색소로 치장한 나비는 태양 에너지를 효율적으로 흡수할 수 있으므로, 기온이 낮은 고지대에서 살아남을 자격을 갖춘 셈이다.

화가의 고민

빛을 다루는 예술로 사진술이 있다. 대상물에 카메라의 초점을 맞춘 후 빛을 적절히 노출시킨다. 빛이 입사하는 각도, 즉 순광, 역광, 측광 등을 구분하고, 야외 촬영의 경우 일조량을 계산해야 한다. 현대 사진은 디지털 화소를 사용해 이미지를 얻으므로 디지털 후보정 작업을 통해 거의 무한대의 효과를 나타낼 수 있다. 사진을 '빛의 예술'이라고 부른다. 사진은 촬영하고자 하는 대상물이 있기 때문에 표현 방법이 다르다고 해도 사진의 중심은 그 대상물이다. 예를 들어, 비가 온 뒤 태양 반대편에 걸린 무지개의 화려한 색상을 극대화시키면 훌륭한 사진으로 칭찬받을 만하다. 그러면 회화는 어떨까?

사진 3-7 강가에 뜬 무지개

그림은 다양한 색상의 물감을 사용하므로 사진처럼 표현하고자 하는 데 원칙적으로 한계가 없다. 그런데 우리의 경험을 떠올려보자(아마 대부분의 독자가 그러하리라고 추측한다). 어릴 적 크레파스를 잡은 나의 고사리 같은 손은 도화지에 거침없이 난폭하게 선을 긋고 그 위에 색칠하기 시작한다. 마침내 완성된 그림을 보면 새빨간 둥근 해가 새파란 하늘 위에 걸려 있고, 초록의 들판에 빨간 꽃, 노란 꽃, 흰 꽃이 만발해 있다. 노랑 나비는 덤이다. 내가 본 들판은 분명 초록투성이었고, 태양은 쳐다도 보지 못할 정도로 빨갰다. 그렇게 느낀 대로 그렸을 터다. 그런데 커가면서 나의 그림에 무채색이 등장하기 시작하고, 원색을 그대로 사용하면 왠지 이상하다는 느낌이 강하게 든다. 아마도 길거리나 미술관에서 보이는 대부분의 훌륭한 그림에서 원색을 찾기 어려웠거나, 여러 물감을 혼합해 원하는 색을 내는 표현 기법을 배우면서였을 거다. 물감은 섞으면 섞을수록 채도chroma가 낮아지니까.

19세기 중반 프랑스에서 기존의 화풍에 반발해 인상주의impressionism가 태동했다. 인상주의는 전체적인 시각 효과의 묘사, 동적인 움직임, 솔직한 구도, 강렬한 붓 터치, 밝고 다양한 색상 사용으로 특징짓는 화풍을 말한다. 여기서 더 나아가 야수파fauvism가 등장하는데, 이들은 본래 사물이 가지고 있는 고유의 색을 무시하고, 작가의 주관적 감정에 따라 색을 마음대로 바꾸어 사용했다. 야수파라는 이름은 부정적인 의미로 붙인 것인데, 기성 화단에서 밝고 특이한 색을 잘못된 사용이라고 평가절하했기 때문이다. 그럼에도 불구하고 야수파 화가의 작품은 어릴 때 느꼈던 원초적 본능을 자극한다. 그냥 동심으로 돌아가 보자. 모르포나비, 공작, 자개가 그러하듯이 화려한 원색의 향연에 침묵하기는 매우 어렵다.

영국의 처칠 경은 인류 역사에 한 획을 그은 정치가이면서 1953년 노벨 문학상을 수상한 다작의 작가이고, 찰스 모린이라는 가명을 사용해 수백 점의 그림을 완성한 뛰어난 아마추어 예술가이기도 하다. 그는 "취미로 그림 그리기"라는 글에서 '나는 색상에 대해 공평한 척할 수 없습니다. 나는 빛나는 것들과 함께 기뻐하고 불쌍한 갈색들에 대해 진심으로 미안합니다'라고 썼다. 빛이 모이면 모일수록 백색광이 되지만 물감은 모이면 검정이 된다. 중세의 야수파 화가들은 이 점을 고민하지 않았을까.

용어 해설

광결정

광결정 제조는 재현성 있고 공정이 단순하며 대량생산이 가능한 **단분산** 구형 **콜로이드**(8장 용어 해설 참조) 제조 기술의 발전과 밀접한 관련이 있다. 이는 균질하고 장거리 질서를 갖는 큰 부피의 광결정을 얻는 데 필수적이다. 무기질 콜로이드 입자는 핵생성과 입자 성장의 두 단계로 합성되는데, 단분산을 얻기 위해 각 단계를 엄격히 분리해야 한다.

단분산 구형 콜로이드 용액을 사용해 3차원 광결정을 제조하는 일반적인 방법으로, 첫째 중력을 이용한 침강법이 있다. 중력을 이용하면 장치가 간단하고 치밀한 침전물을 얻을 수 있지만, 중력 이외에도 브라운 운동과 같은 힘이 공존하기 때문에 침강 속도를 완벽히 조절해야 한다. 둘째, 표면 전하를 띤 입자의 정전기적 반발력을 이용한 규칙배열 방법이 있다. 정전기 힘은 먼 거리까지 전달되므로 대형 결정을 제조하는 데 유력한 방법이지만 표면 전하를 정확히 조절해야 한다. 셋째, 용매의 증발에 따른 모세관 힘을 이용한 결정화가 있다. 용매가 천천히 증발하면서 구형 입자는 모세관 힘에 의해 이동해 치밀한 구조로 결정화된다.

구조색

안료나 **염료**는 빛의 특정 파장을 흡수해 착색되는 반면, 구조적 착색은 재료의 미시적 구조에 의존한다. 구조색은 장기적으로 안정하고 환경 친화적이어서 화장품, 옷감, 자동차 등의 안료로 적합하다. 또한 위장 색상, 고효율 광학 스위치, 저반사율 유리 등과 같은 각종 산업이나 군사용으로 응용하기에 큰 잠재력을 가지고 있다. 자연에서 카멜레온, 앵무새, 비단벌레 등도 구조색을 가진 대표적인 생물이다. 생물이 가진 구조색을 재현하는 생체 모방은 현대 과학에서 중요한 분야다.

파란 하늘이나 파란 눈동자는 광선의 산란이라는 구조색의 원리로 일어나는 현상이다. 머리 위의 하늘이 파란 이유는 공기 분자의 요동이 가시광 중에서 단파장을 더 큰 각도로 산란시켜서 주로 파란색의 빛이 우리 눈에 들어오기 때문이다. 벽안[碧眼]이라고 부르는 파란 눈은 실제로 파란 색소를 지닌 것이 아니라 홍채의 멜라닌 색소가 극도로 적고 눈으로 들어온 빛 중에서 홍채에서 짧은 파장의 빛만 반사되기 때문에 푸르게 보이는 것이다.

나노 구조

나노[nano]는 십억분의 일, 즉 10^{-9}(0.000000001)이다. 1나노미터는 약 5~10개의 원자가 나열된 길이에 해당한다. 나노 구조는 1부터 100나노미터 범위의 물질을 지칭한다. 통상 물질의 분류는 그 화학적 특성을 기준으로 삼지만, 나노 구조는 물리적인 크기가 기준이 된다.

나노 구조의 합성에는 두 가지 방법이 있다. 첫째는 벌크 물질을 분쇄, 연마와 같은 물리적인 방법 또는 식각[etching]과 같은 화학적 방법으로 크기를 작게 만드는 방법이 있고, 이를 하향

그림 3-3 상향식 또는 하향식에 의한 나노 구조의 제조

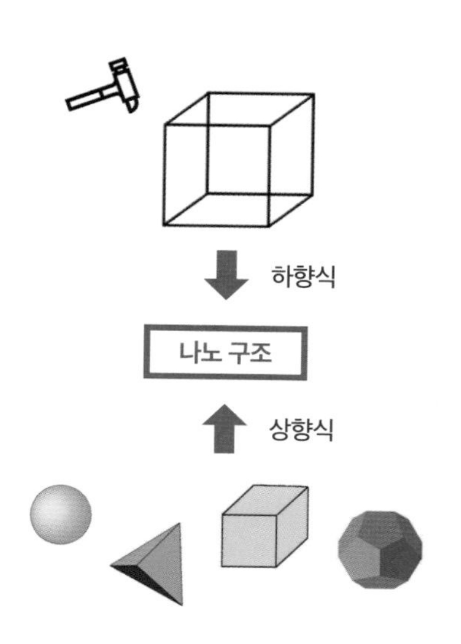

식top down이라고 한다. 둘째는 상향식bottom up으로 원자나 분자 단위로부터 출발해 이들을 조립함으로써 나노 구조를 완성하는 것이다. 두 가지 방법을 혼용할 수도 있다.

단분산

분산이라는 용어는 사용되는 분야에 있어서 다양한 의미를 가진다. 광학이나 전자기학에서 분산이란 어느 물리적 성질이 파장에 대해 달라지는 현상을 말한다. 화학에서는 용액 내에서 입자들이 서로 붙지 않고 격리되어 있는 상태를 말한다. 본문에서는 합성한 입자들의 크기의 편차를 의미하고, 단분산이란 크기 편차가 매우 적어서 균일한 크기로 합성된 상태를 뜻한다.

띠틈

고체 결정은 원자나 이온이 규칙적으로 배열되어 있다. 이 배열로 인해 고체 내에 특정한 전기장의 파동이 퍼져 있다. 전자는 전기장의 영향하에 놓여서 거동에 제약을 받는다. 따라서 전자가 가질 수 있는 에너지도 영향을 받는데, 고체 내에서 금지된 전자의 에너지 영역을 띠틈이라고 한다. 전자는 띠틈에 해당하는 에너지 상태에 놓일 수 없다.

광결정도 마찬가지 논리를 도입할 수 있다. 크기가 가시광 파장에 상응하는 입자가 규칙적으로 배열되면 특정한 파장, 즉 특정한 에너지를 가지는 빛이 광결정 내에 존재할 수 없고, 이를 광띠틈이라고 한다.

미세구조

영어 microstructure에서 'micro'는 그리스어 μικρός에서 유래했고, 이는 '작다'라는 의미다. 크기로는 백만분의 일, 즉 10^{-6}(0.000001)이다. 현미경 microscope도 같은 어원이다. 재료과학에서 미세구조는 현미경으로 확대해서 보아야 할 만큼 작은 구조를 칭하는데, 현재는 주사전자현미경이나 투과전자현미경 등 수만 배에서 수백만 배의 고배율 현미경을 사용하고 있다. 재료의 미세구조는 그 재료가 나타내는 특성과 밀접한 관계를 가지기 때문에 미세구조의 관찰이 매우 중요하다.

보색

보색은 적록청(RGB) 가산 혼합을 할 때 두 색을 혼합하면 백색이 되는 두 색상의 쌍을 말한다. 그림 3-4에서 보는 것처럼 색상환에서 서로 마주 보는 색상이 보색이다. 두 색상을 보색으로

그림 3-4 색상환

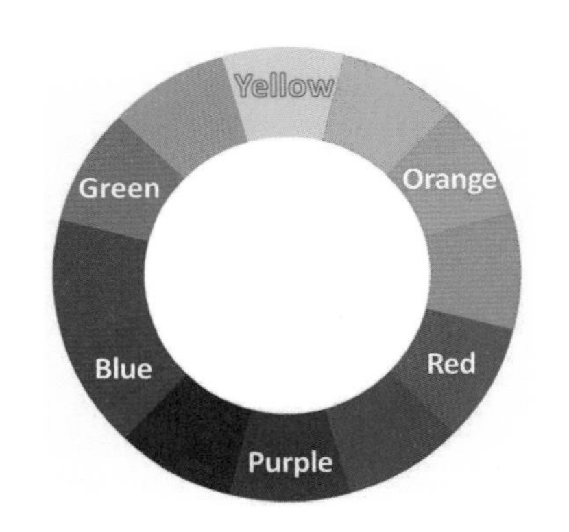

선정해 나란히 대비하면 더욱 뚜렷하게 보이는데, 이는 각종 디자인에서 차용하는 원리다.

산란

광선이 진행하다가 입자와 만나면 광선의 일부는 투과하고 일부는 물질에 흡수된다. 나머지 광선은 입자에 의해 경로가 바뀌는데, 이를 산란이라고 한다. 그림 3-5는 입자 크기가 입사광의 파장보다 큰 경우에 일어나는 산란을 묘사 한다. 우리가 일상생활에서 사용하는 물체로부터 반사되는 빛은 대부분 가시광의 파장보다 큰 물체나 표면의 요철에 의한 것이기 때문에 이 산란에 해당한다. 그림에서 보듯이 입자의 크기가 작을수록 산란되는 각도 θ가 커진다. 빛이 진행하는 방향으로 산란되는 광의 강도는 입자의 직경이 d라고 할 때 d^2에 비례한다. 산란 각도와 입자 크기와의 관계는 다음 식으로 주어진다. 여기서 λ는 빛의 파장이다.

$$\sin\theta = 1.22\lambda/d$$

입자의 크기가 파장보다 매우 작은 경우는 레일리 산란Raleigh scattering, 그 크기가 비슷하다면 미 산란Mie scattering이나 틴들 산란Tyndall scattering이 발생한다. 이 산란은 8장에서 다룬다.

색소

안료와 염료 참조

그림 3-5 입자 크기에 따른 산란 각도의 변화

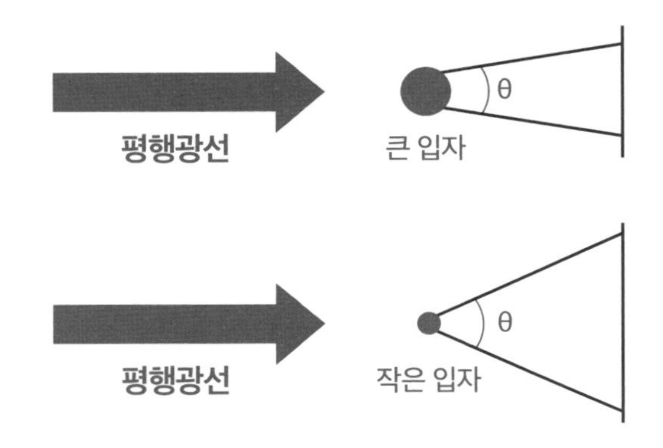

안료와 염료

일반적으로 색소로 사용되는 물질 중에서 무기질 재료는 안료, 유기질 재료는 염료라고 부른다. 안료는 물리화학적으로 안정하고, 용액에 녹지 않는다. 유리나 각종 세라믹의 채색, 자동차 도장과 같은 각종 페인트에 사용된다. 또한 법랑처럼 고온에서 사용하는 식기에 적합하다. 산화물 안료는 색상과 조성에 따라 십여 종으로 구별된다.[6] 안료에 입사되는 특정 파장의 빛이 안료를 구성하는 금속 이온 내의 전자를 높은 에너지 상태로 여기시키는데 소모되어(즉, 흡수되어) 그 보색이 발현된다. 최근에는 역광결정의 기공 크기를 조절해 특정 파장을 반사시키는 '오팔 안료'도 개발되었다.

염료는 물에 녹으므로 전통적으로 직물의 착색에 사용된 재료다. 염료는 첨단 산업에서 중요한 역할을 하는데, 예를 들어 태양전지에서 빛의 에너지를 전달하는 재료로 사용된다. 이를 염료감응형 태양전지라고 한다.

중층 구조

생명체를 구성하는 분자는 중층 구조인 경우가 많다. 중층 구조의 가장 기본이 되는 분자를 1차 구조라고 하고, 이들이 각종 분자간 힘으로 결합되면서 2차 구조를 만들어낸다. 2차 구조는 다시금 3차 구조로 발전하기도 한다. 각 단계로 발전하면서 독특한 특성이 나타난다. 생물은 이러한 중층 구조를 '저절로' 만들어낸다. 즉, 분자의 주변 환경으로 결정되는 인력에 의해 각 단위체들이 특정한 방식으로 결합되는데, 이를 자가조립self-assembly이라고 한다. 현대의 나노 과학은 생물이 가지는 자가조립 능력을 모방해 복잡한 수준의 나노 구조체를 합성하기 위한 노력하고 있다. 자가조립은 10장의 주제다.

최밀충진

원자나 이온을 단단한 구sphere라고 가정하고 가장 밀집한 구조, 즉 단위 부피당 가장 많은 구가 들어찬 상태를 최밀충진이라고 한다. 쇠구슬을 통에 넣고 흔들면 자연스럽게 최밀충진 상태가 얻어진다. 최밀충진에는 두 가지 방식이 있다. 그림 3-7처럼 한 층의 구를 충진시키고, 그 위에 두 번째 층을 쌓는다고 하자. 세 개의 구 사이에 B와 C라는 골이 생기고, 두 번째 층의 구는 B 또는 C 중의 어느 하나에 자리하게 된다. B와 C 사이의 간격이 구의 직경보다 작기 때문에 B와 C의 자리를 동시에 차지할 수는 없

그림 3-6 중층 구조의 예

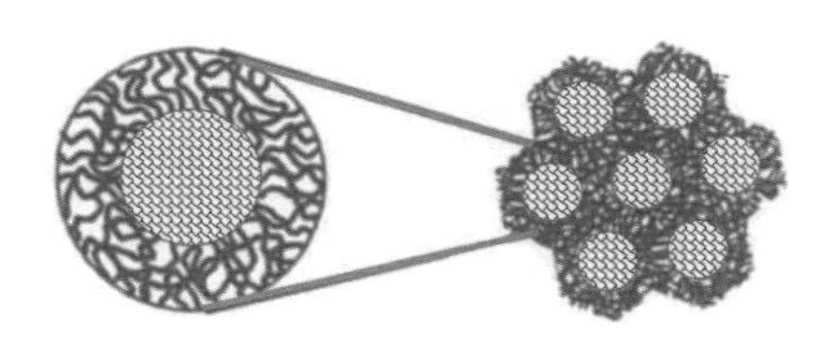

그림 3-7 구형 물질이 최밀충진되는 두가지 방법

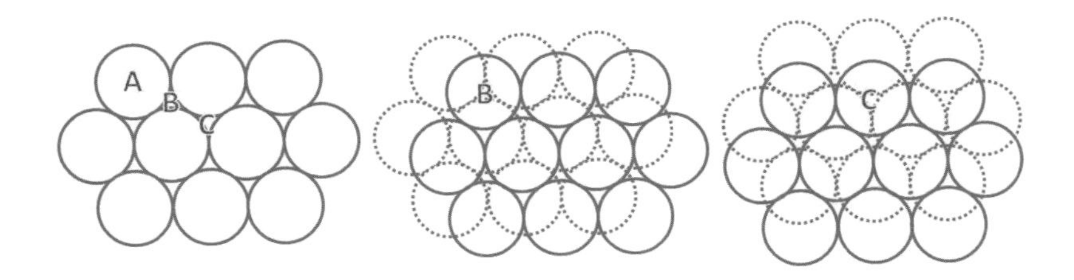

다. 따라서 적층 순서는 A-B, 또는 A-C가 가능하고, 이에 따라 결정의 구조가 달라지게 된다. 예를 들어, A-B-A-B-… 또는 A-B-C-A-B-C-… 등으로 적층된다.

회절(1장 용어 해설의 엑스선 회절법 참조)

빛은 직진하는 성질을 가지고 있다. 뉴턴이 활동하던 고전 물리학 시기에 빛의 성질을 직선 화살표로 표기하는 기하 광학geometrical optics이 발달했다. 그런데 빛이 직진한다는 상식과는 다르게 햇빛에 의해 드리워진 그림자를 자세히 관찰하면 그림자의 경계가 명확한 선이 아니라 두리뭉실하고 경계가 불명확함을 볼 수 있다. 이것은 빛이 물체의 경계면을 지나가거나 조리개 구멍을 통과할 때 파동이 퍼지는 현상으로, 회절이라고 부른다. 회절은 물체나 구멍의 크기가 입사파의 파장과 비슷한 크기일 때 가장 두드러지게 발생한다.

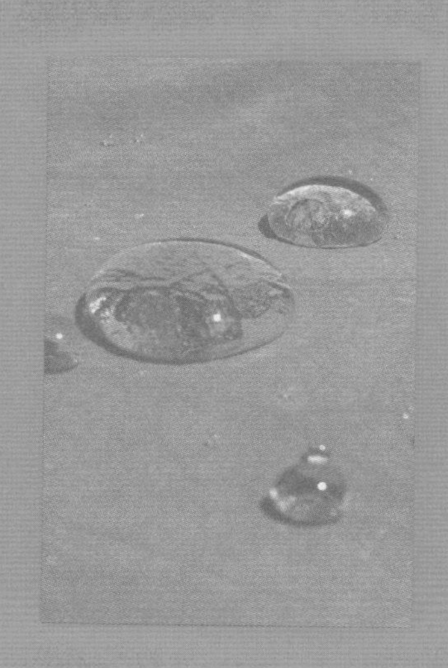

MATERIALS
SCIENCE

제 4 장 소리로 이미지 그리기

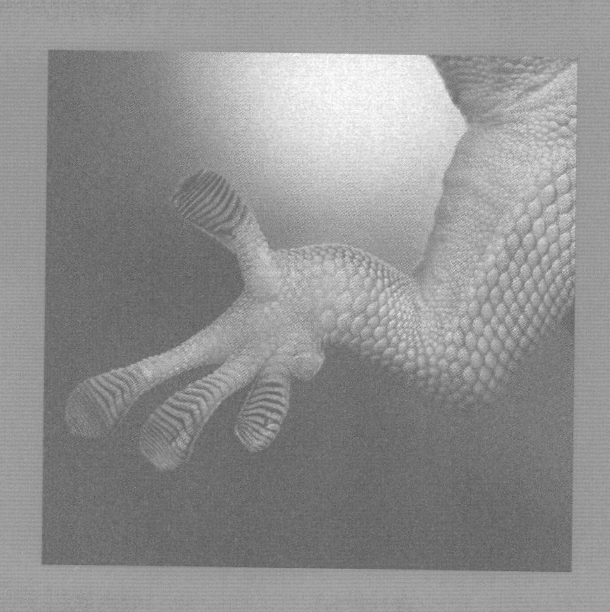

메아리

한때 산에 오르면 계곡의 건너편 봉우리를 향해 목청껏 외쳐대던 시절이 있었다. 울려오는 소리가 시원치 않으면 목을 쥐어짜서라도 기어코 울렁이는 내 목소리 '야~호~~'를 듣고야 만다. 이 소리는 메아리echoes다. 어릴 적 자주 부르던 동요가 있다.

산에 산에 산에는 산에 사는 메아리

언제나 찾아가서 외쳐 부르면

반가이 대답하는 산에 사는 메아리

벌거벗은 붉은 산엔 살 수 없어 갔다오

산에 산에 산에다 나무를 심자

산에 산에 산에다 옷을 입히자

메아리가 살~게끔 나무를 심자[1)]

한국전쟁 후 벌거벗은 산이 안타까워 곡을 만든 이의 심정이 그대로 전달된다. 가사에는 나무 없는 황량한 산을 향해 메아리를 울리고 싶은 사람은 아무도 없을 것이라고 적혀 있지만, 실제로는 숲보다 딱딱한 바위로 이루어진 지형에서 메아리가 더 잘 울려 퍼진다.

소리는 파동의 일종이며, 종파longitudinal wave다. 소리가 진행하는 방향으로 매질medium을 이루는 입자들이 압축과 신장을 반복하기 때문에 종파라고 한다. 소리가 공기 중을 전파할 때 질소, 산소 등의 분자들의 밀도가 매순간 변화해 성긴 부분과 빽빽한 부분이 반복된다. 이를 소밀파疏密波라고 한다. 소밀파가 진행할 때 공기 분자 자체는 앞으로 이동하지 않고 제자리에서 소밀한 진동을 되풀이한다. 한쪽에 매인 용수철에 진동을 가했을 때 발생하는 파동을 연상하면 된다.

그림 4-1 음파는 종파다

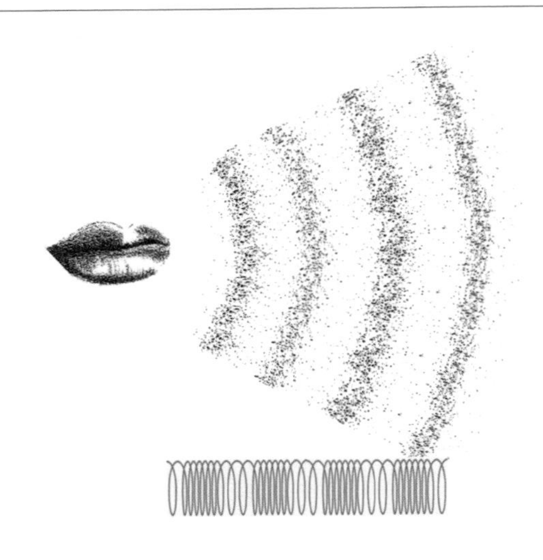

사진 4-1 다공성 SiOC의 주사전자현미경SEM 사진

저자 촬영

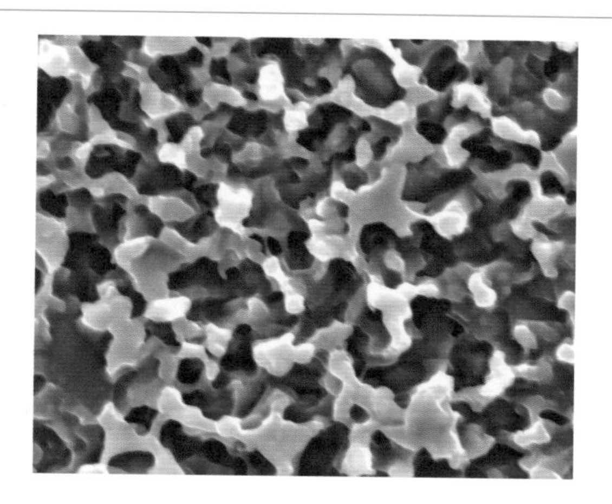

사람이 들을 수 있는 소리의 주파수 대역, 즉 가청주파수는 진동수 영역이 약 20에서 17,000헤르츠로, 이를 파장으로 환산하면 고주파인 20밀리미터부터 저주파인 17미터까지다(헤르츠[Hz]는 파동이 1초 동안 진동하는 횟수, 즉 진동수의 단위다). 이 범위는 유년기에 해당되고, 인간이 성장함에 따라 가청주파수의 범위는 축소된다.

소리가 그 파장보다 훨씬 큰 편평한 표면에 부딪힌다면 소리는 일관성 있는 방식으로 반사된다. 그런데 종방향의 파동이 파장 정도 크기의 거친 표면을 만나면 여러 방향으로 난반사되어 파동의 에너지가 흩어진다. 더욱이 구멍이 난 **다공성 물질**porous materials은 일부 에너지를 흡수한다. 이를테면 오페라하우스 내부의 설계는 소리의 반사 특성과 공간의 청각적 느낌을 고려한 **건축음향학**architectural acoustics을 따르는데, 벽면을 치장한 구조물은 소음을 최대한 억제한 **흡음재**나 **차음재**를 채택해 지어진다. 따라서 똑똑한 메아

사진 4-2 콘서트홀의 내부 사진

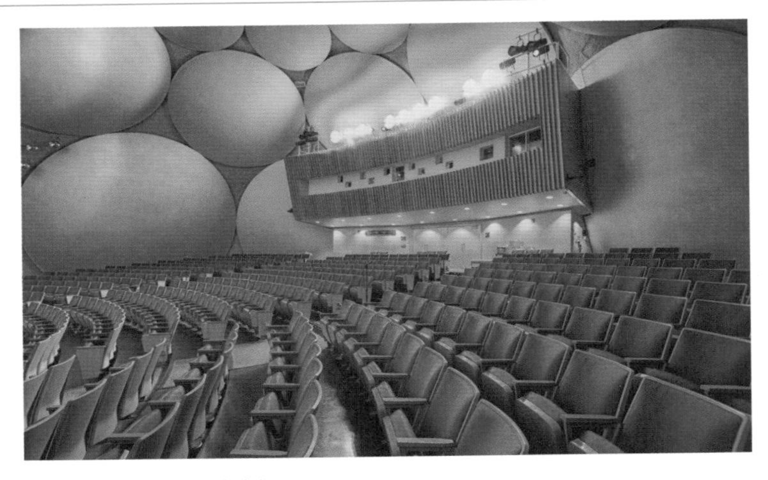

벽에 음향 제어를 위한 장식이 붙어 있다.

리를 들으려면 흡음 역할을 하는 나무가 울창한 숲이 아니라 거대한 바위 벽인 인수봉 앞에 서야 할 것이다. 요즘 등산객에게서는 '야호'를 외치는 행위를 거의 보지 못한다. 산에 사는 동물은 바로 그 산의 주인장이다. 어찌 손님이 주인을 시끄럽게 괴롭힐 수 있겠는가.

떨림과 반향

동물 중에는 메아리를 이용하는 종이 꽤나 많다. 이들은 단순한 이용을 넘어서 메아리를 생존에 필수적인 도구로 삼는다. 육상 동물에서는 박쥐가, 해양 동물에서는 고래가 대표적이다. 박쥐는 14에서 100킬로헤르츠 이상의 소리를 생성한다. 해양 포유류는 예전에 육지에서 살던 생물이 수중 생활로 진화했다고 알려져 있다. 해양 포유류인 고래가 사는 환경은 육지와 비교할 수 없을 정도로 광활해 고래의 종류에 따라 사용하는 주파수 대역은 천차만별이다. 돌고래의 소리는 최대 150킬로헤르츠로 매우 높은데 반해 덩치가 100톤에 달하는 흰긴수염고래가 내는 소리는 8에서 25헤르츠 정도로 낮다.[2] 육상 동물의 경우 일반적으로 몸집이 클수록 그들이 내는 소리의 주파수가 낮다. 예를 들어, 코끼리는 초저주파 대역으로 소통하며, 코뿔소, 기린, 하마와 같이 덩치가 큰 동물과 주파수가 겹친다. 해양 포유류는 예외적인 경우도 발견된다. 향유고래는 수컷의 몸무게가 45톤에 달할 정도로 큰 개체이지만 그들의 소리는 0.5에서 15킬로헤르츠로 매우 높은 편이다.

주파수가 낮건 높건 간에 동물들은 인간이 들을 수 없는 음역에서 서로 소통하고 있다. 흰긴수염고래는 저주파를 이용해 800킬로미터나 떨어진 다른 고래와 정보를 교환한다. 이는 음파의 주파수가 낮을수록 전달 거리가 길어지기 때문에 가능한 일이다. 그리고 혹등고래는 소리를 2,600킬로미터까지 전달하는데, 많은 고래들은 수면 아래로 약 600에서 1,200미터 사이에 존재하는 **소파층**SOFA channel; sound fixing and ranging channel을 이용해 원거리

사진 4-3 박쥐, 돌고래, 흰긴수염고래

까지 정보를 전달한다. 넓디넓은 초원에 서식하는 코끼리 역시 인간에게 들리지 않는 저주파로 대화한다. 그것이 90**데시벨**에 이를 정도로 큰 소리이긴 하지만 우리에게 들리지 않아 코끼리는 조용히 풀이나 뜯어 먹는 동물로 인식되어왔다(물론 포효하는 코끼리의 소리는 위협 그 자체이긴 하다). 그러나 거듭된 연구에 의하면 코끼리는 가장 말이 많은 수다쟁이 동물로 밝혀졌다.[3]

동물이 내는 소리는 동료들 사이의 의사 교환에 필요할뿐더러 먹잇감을 구하는 데에도 유용하다. 마치 메아리처럼 자신이 발생한 음파가 먹이에 충돌해 되돌아오는 것을 잡아내면 상대방의 위치를 알아낼 수 있다. 이러한 방법을 **반향정위**反響定位, echolocation라고 한다. 신체의 일부분을 사용해 떨림을 만들고, 상대방으로부터 반향된 음파를 분석하는 것이다. 그러니까 떨림vibration과 반향reverberation은 어느 동물들에게는 매우 중요한 물리적 현상이다.

생물이 소리 내는 법

우리 인간이 소리를 내는 원리는 다음과 같다. 숨을 들이마셔 공기를 저장하면 공기는 밀폐된 공간에서의 높아진 압력으로 인해 성대를 통과해 다시 배출된다. 말을 하면 성대 아래쪽에 공기의 압력이 형성되고, 이 압력이 성대의 틈을 벌리게 하는 작용을 한다. 공기가 성대를 지나갈 때 성대가 교대로 개폐되어 연속적인 공기 흐름이 별개의 공기 펄스, 즉 진동으로 전환된다. 이렇게 파생된 소리는 후두, 인두, 구강을 거쳐 증폭되며, 구강과 비강의 언어 기관에 의해 더욱 변형되어 인간의 언어로 탄생된다. 포유류의 발성도 공기의 흐름을 제어한다는 면에서 인간과 기본적으로 유사하다. 포유류는 공기를 압축시켜 속이 빈 관 형태의 후두에 통과시켜 소리를 낸다. 후두의 주름진 부분이 진동하면서 다양한 주파수의 소리를 만들어낸다.

고래는 물속에서 음파를 생성해야 하므로 육상 동물과는 다른 방식을 취한다.[4] 대왕고래를 포함하는 대형 수염고래의 경우 성대가 없고, 턱이 닫혀 있어서 입술 떨림으로 음파를 만들지 못한다. 혀나 입 근처의 부드러운 근육이 작용하지도 않는다. 단지 폐에 저장된 공기를 머리를 향해 보냈다가 앞뒤로 왕복시키면서 음압을 만들어낸다. 머리 부근의 연골로 틈 간격을 조절해 **공명**resonance 주파수를 변화시킨다. 돌고래, 범고래, 향유고래와 같은 이빨고래의 경우 분수공blowhole 바로 아래에 자리한 공기주머니를 사용해 광범위한 소리를 낼 수 있다. 주파수를 변조한 호각 소리, 펄스 형태로 분출되는 소리, 딸깍거리는 소리 등 대략 세 가지 종류의 소리를 발생한다. 특히 돌고래는 인간의 성대가 기능하는 방식과 비슷하게 조직을 진동시켜 호각 소리와 펄스 소리로 의사소통을 한다고 알려져 있다.[5]

이번에는 작은 개체인 곤충으로 눈을 돌려보자. 곤충은 신체 구조상 위

사진 4-4 여치

에서 설명한 방식으로는 소리를 만들어내지 못할 것으로 보인다. 이들은 매우 간단한 방식으로 음파를 생성한다. 방법이야 어떠하든 공기의 국부적인 압력 차이만 만들면 되니까 말이다. 곤충은 날개, 다리, 복부, 심지어 성기 등 마찰이 가능한 모든 부위를 비벼서 진동을 일으켜 음파를 생성한다. 소리의 강도는 110데시벨을 넘어가기도 하며, 주파수는 초음파 영역에 들어가 인간이 들을 수 없는 것도 있다. 수중생물 중 일부 새우(곤충이 아니다)는 발가락에 솟은 톱니를 사용해 물을 분사하는데, 이때 물방울이 터지면서 음파를 생성한다.

음파 탐지기

이번에는 인간이 동물의 떨림과 반향을 이용할 차례다. 우선 박쥐나 고래가 파장이 짧은 고주파를 이용하는 이유는 무엇일까? 주파수가 높아지면 전달 거리가 짧아지는 단점이 있지만, 파장이 작아서 상대적으로 작은 물체를 식별할 수 있다는 장점이 있기 때문이다. 먼바다에서 파도가 몰려오고 있다. 파도가 방파제를 만나면 부서지거나 뒤로 돌아가거나 반사되는 등 형태가 바뀐다. 그러나 작은 자갈에는 반응하지 않고 물놀이객의 발목까지 그대로 밀고 들어온다. 음파로 작은 물체를 식별하려면, 즉 높은 **분해능**resolution을 얻으려면 파장이 작은 음파를 발생시켜야 하고, 바로 초음파ultrasound에 해당된다.

인간이 박쥐나 돌고래의 발성 기관을 모사biomimicry하기에는 갈 길이 멀다. 그렇다면 가장 쉬운 방법은 곤충이 행하는 단순한 기계적 진동음을 만들면 될 터다. 다행히도 어떤 재료는 전기장을 걸었을 때 크기dimension가 변한다. 다시 말하면 교류 전기장AC electric field을 걸면 시편이 교류 전기장에 대응해 신장과 수축을 반복하는 것이다. 고체 시편이 고주파 교류 전기장에 맞추어 진동하면 주변의 공기에 **음압**(**데시벨** 참조)을 생성해 초음파를 발생시킨다. 반대로 초음파가 시편을 때리면 크기의 변화에 의해 전기장이 발생한다. 이를 전기 신호로 바꾸면 반향 이미지를 얻게 된다. 이와 같은 특성을 가진 재료를 **압전체**piezoelectric materials라고 한다. 이 명칭은 압력(기계적 변위)과 전기장이 서로 연결되었다는 의미를 담고 있다.

이처럼 어떤 형태의 신호를 다른 형태로 변환시키는 **소자**device를 **트랜스듀서**transducer라고 한다. 여기서 독자들은 어떤 제품을 연상할지도 모르겠다. 바로 가정에서 사용하는 초음파 가습기다. 가습기 밑바닥에서 물을 진동시켜 미세한 액적droplet으로 만드는 동그란 물건이 바로 압전 소자다(그런데 조그마한 압전 진동자를 세척하고자 할 때 목숨을 걸고 매우 조심해야 한다니 서글픈 일이 아닐 수 없다).

인간은 압전체를 사용해 수중음파탐지기, 즉 소나SONAR; sound navigation and ranging를 개발했다. 작동 원리는 동물의 반향정위 그대로다. 소나는 압전체 트랜스듀서로 발생시킨 초음파를 펄스 형태로 목표로 하는 지점으로 발사한다. 목표물에서 반사된 펄스를 수신한 후 전력 증폭기와 전기-음향 변환기를 사용해 전자 신호로 변환시킨다. 펄스 전송부터 수신까지의 시간을 측정하고, 알려진 음속을 사용해 물체까지의 거리를 측정한다. 물론 경우에 따라(특히 군사적 목적으로) 음파를 수신만 하기도 한다. 발신-수신 기능을 갖춘 것을 능동형, 수신만 하는 것을 수동형 소나라고 한다.

쫓는 자와 쫓기는 자

많은 종류의 야행성 곤충은 그들을 쫓는 박쥐가 발산하는 음파를 감지할 수 있다. 나방이 가진 고막과 같은 청각 기관은 들어오는 박쥐 신호에 반응해 나방의 비행 근육을 비정상적으로 경련시켜 무작위 회피가 가능하도록 날개를 제어한다. 어떤 나방은 스스로 초음파를 발생함으로써 회피 비행을 시도한다. 그 의도는 박쥐를 놀라게 하거나, 자신이 맛이 없고 유해함을 알리거나, 박쥐의 음파 시스템을 교란하는 데 있다.[6] 대부분의 박쥐는 초음파를 내지 않는 나방을 모두 사냥하지만, 초음파를 내는 나방은 끝까지 공격하지 않고 중도에 포기하기도 한다.

나방 중에서 최고의 초음파 민감도를 지닌 종은 꿀벌부채명나방이다. 이 나방의 청각 기관은 배에 붙어 있는데, 최대 320킬로헤르츠의 소리에 반응한다. 이 나방은 맹금류의 비행처럼 날개를 접고 지표면으로 급강하해 박쥐로부터 도망간다. 이름에서 유추할 수 있듯이 꿀벌부채명나방은 꿀벌과 관련이 있는데, 꿀벌에게는 장수말벌과 진드기에 버금가는 해충이다. 꿀벌집에 저장된 꿀과 화분 같은 식량, 유충, 집을 구성하는 밀랍 등을 닥치는 대로 먹어버려서 양봉업자에게 골칫거리다.

사실 320킬로헤르츠의 주파수는 박쥐가 발생하는 주파수보다 훨씬 높은 값이어서 나방이 과잉 대응하고 있다고 여겨진다. 물론 감지 주파수가 낮아서 박쥐의 높은 음파에 쉽게 걸려드는 것보다는 훨씬 낫다. 과학자들은 과거에 존재했던 박쥐 중에 이같이 높은 주파수를 사용한 종이 있었고, 꿀벌부채명나방이 이에 훌륭히 적응했던 결과라고 추정한다.[3] 양봉업자는 자연의 오묘한 진화를 탓해야 하는지도 모르겠다. 한편 쫓는 자인 박쥐도 대응책을 마련했는데, 타운센드큰귀박쥐는 다른 박쥐보다 20에서 45데시벨이 낮은 음파를 발생한다. 음압이 낮아서 박쥐가 근접하더라도 나방이 알아차리지 못하고, 도망갈 기회는 사라지고 만다.

소나는 어군 탐지용, 의료용뿐만 아니라 군사용으로도 중요하다. 타이타닉호의 참변으로 인해 바닷속의 지형에 대한 탐사 개발이 촉발되었는데, 제1차 세계대전 이후 대잠수함 탐지를 중심으로 기술이 발전되었다. 수상 함정은 능동형 소나를 채용하기도 하지만 능동형 소나는 함정의 존재와 위치를 드러내기 때문에 잠수함에서는 거의 사용되지 않는다. 능동형 소나는 탐지 위험을 최소화하기 위해 간헐적으로 매우 짧게 활성화되고, 수동형 소나로 얻는 정보를 보완하기 위해 운용된다.

잠수함은 어떻게 음파 탐지로부터 벗어날까? 가장 시급한 것은 엔진의 소음 억제인데, 엔진을 무반향실anechoic chamber에 설치한다. 여기에는 한계가 있으므로 잠수함 선체에 흡음용 무반향 타일을 코팅하거나 소음원을 선체와 무진동판으로 격리시킨다. 무반향 타일은 수많은 작은 기공을 포함하는 고분자 다공체 재료로 외부 선체와 무반향실에 적용한다. 이것은 소나의 음파를 흡수하거나 왜곡시킨다. 역으로 소음 레벨을 높여서 잠수정이 있다고 추정되는 영역을 확대시킴으로써 진짜 위치를 숨기기도 한다. 나방이 채택한 전략 그대로다.

시끄러운 바다

육상 탐험의 시대가 거의 끝나면서(혹은 더이상 탐구할 것이 없다고 착각하면서) 과학자들은 미지의 대양으로 눈을 돌렸다. 15에서 17세기까지 유럽사에서 펼쳐진 대항해시대는, 강력한 범선군단을 앞세운 유럽 백인이 전 세계적인 식민지 건설을 한 시기다. 원거리 항해기술이 발전하면서 지리에 대한 이해는 깊어졌지만, 해수면 이하의 광대한 영역은 여전히 미지의 세계였다. 육상 자원의 한계에 직면해 드디어 깊은 바닷속으로 눈길을 돌리기 시작했는데, 이는 해저 탐사 기술의 발전과 동행하는 사건이었다.

그리하여 어느 순간부터 바다는 소음으로 가득 찬 영역에 편입되었다. 초음파를 이용한 소나야말로 해저탐사에 가장 적합한 기술이니까. 자원 탐사 기술 이외에도 군사 기술, 어군 탐지 기술의 발전으로 바다는 더욱더 각종 주파수의 소리로 시끄러운 세상이 되었다. 설상가상, 대형 화물운반용 컨테이너선의 등장으로 인해 주요 항로 인근 해역은 우리의 상상 이상으로 음파의 그물망이 매우 촘촘하게 펴져나가고 있다. 물론 우리 인간은 모른다. 오직 음파로 먹잇감을 찾거나 정보를 교환하는 해상 동물만이 그 피해를 오롯이 안고 살아간다.

우리는 주로 기후 변화, 어자원 남획, 오염물질 유출 등을 바다 속 생태계를 교란시키는 원인으로 여기지만, 최근의 연구는 소음 역시 주요한 위협 요인이라고 지적한다.[7] 고래의 노래는 인간 다음의 언어로 인정받아 보이저1호에 실려 먼 우주로 항해를 떠났지만, 불행하게도 그들의 언어(노래 또는 시처럼 들리기도 한다)는 소음 때문에 시간이 흐르면서 바뀌고 있다. 먼 훗날 매우 낮은 확률이지만 외계인이 보이저1호를 발견해 고래의 언어를 해석한들 후세에 실질적인 의미는 퇴색할 것이다. 다행히 국제해사기구IMO; International Maritime Organization가 고래회피수역을 설정해 선박의 속도 제한, 엔진 소음 등을 규제하기 시작했다. 메이저 석유회사도 고래의 이주경로를 탐색해 그 지역을 벗어나서 시추하려는 노력을 보이니, 고래가 본연의 노래를 되찾기를 염원해본다.

사이렌의 노래

바다가 조용했을 때, 그러니까 바람에 돛을 맡기거나 노동력만으로 배를 저었을 때, 선원들은 각종 생명체가 부르는 노래 혹은 울부짖는 울음을 듣고 대자연에 경외감을 표했다. 그리스 신화에 등장하는 사이렌은 매혹적인 목소리를 지닌 인간과 같은 존재다. 사이렌은 수많은 문학과 회화에 등장하지만, 우리에게 가장 잘 알려진 것은 그리스의 시인 호머가 쓴 서사시 『오디세이』일 것이다. 트로이 전쟁의 영웅 오디세우스는 사이렌이 자신에게 무엇을 노래하는지 듣고 싶어서 모든 선원의 귀는 밀랍으로 막고 자신을 돛대에 묶도록 했다. 그런 다음 그들의 배는 머리가 여섯 개인 괴물 스킬라와 소용돌이 카리브디스 사이를 통과한다. 중세 유럽의 기독교 예술 전반에 걸쳐 사이렌은 여성이 구현하는 위험한 유혹의 상징으로 자리매김했고, 그 이미지가 지금까지도 영향을 미치고 있다.

첨단 기계로 무장한 현대식 포경선이 등장하기 전, 선원들은 목선에 올라앉아 고래를 쫓으면서 고래의 소리를 사이렌의 것으로 여기기도 했다. 그

사진 4-5 레옹 벨리 작, '오디세우스와 사이렌들'(1867)

도 그럴 것이 손으로 던지는 작살에 의존해 목숨을 걸고 고래를 사냥한다는 것은 오디세우스가 스킬라와 카리브디스가 지키는 바위틈을 통과하는 행위와 별반 다르지 않았기 때문이다. 당시의 포경선은 나무로 제작되었다. 나무 재질은 스피커의 울림통으로 사용되듯이 음파에 대한 공명이 뛰어나다. 선원들이 타고 있던 목제 선체는 고래의 소리를 훌륭히 공명시켜 확성기 역할을 했다. 그들은 배 전체에 울려 퍼지는 소리를 통해 고래를 사이렌으로 이미지화한 것이다.

용어 해설

건축음향학

건축음향학이란 음향공학의 한 분야로서, 건축물 내에서 소음을 줄이고 양질의 소리를 유지하기 위한 기술 분야를 말한다. 건축음향학이 필요한 분야에는 극장, 콘서트홀, 녹음 스튜디오 등이 있고, 일반 가정이나 사무실에서도 삶의 질을 향상시키기 위해 적용하고 있다. 건물 내에서 음파가 전달되는 경로는 천장 패널, 문이나 창문의 측면 등이 있다. 소리를 제어하기 위해 각종 재료를 사용한 음파의 흡수, 차음, 확산(방사), 은폐(가둠) 등의 기법이 사용된다. 건물 내부 표면을 직물로 마감한 패널, 다공성 재료, 파이버(장섬유) 재료 등 다양한 재질의 마감재로 구성한다.

사진 4-6 축구 경기장

구조물이나 벽면의 형태도 중요하다. 소리가 반사되면 다양한 느낌의 음파가 생성되는데, 반사되는 표면의 각도를 조정함으로써 콘서트홀에서 듣는 청중에게 좋은 소리를 제공한다. 이와 반대로 스포츠 경기장의 경우는 관중이 만들어내는 소음을 최대한 울리게 해 팬들의 응원 효과를 극대화시킨다. 예를 들어, 관중이 자리한 위치에 지붕을 덮으면 더 큰 반향과 울림을 만들어 소음을 반사시킴으로써 경기장 전체를 더 높은 데시벨의 응원가로 채울 수 있다.

공명

공명 또는 공진이란 어떤 물체가 외부로부터 힘이나 진동을 받을 때 그 진동수가 물체의 고유 진동수natural vibration frequency와 일치하면 외부로부터 에너지를 흡수하고 더 큰 진폭으로 진동하는 현상을 말한다. 공명은 음향, 기계, 전기 등과 같은 다양한 시스템에서 발생할 수 있

그림 4-2 소리굽쇠의 공명

다. 예를 들어, 그네를 민다고 하자. 그네의 고유 진동수에 박자를 맞추어 밀기 시작하면 큰 힘을 들이지 않고도 그네를 주기적으로 멀리 보낼 수 있다. 소프라노 성악가가 고음을 발성해 포도주잔을 깨트리는 행위도 공명을 잘 이용한 것이다. 진동하고 있는 소리굽쇠를 다른 소리굽쇠에 가까이하면 공명 현상으로 진동을 전달할 수 있다.

다공성 물질(다공체)

다공체란 다수의 기공pore을 내포한 재료다. 다공체는 기공의 크기에 따라 세 종류로 대별된다. 기공의 지름 d(기공의 형상이 구형인 경우는 지름이고, 장축을 가진 원통형인 경우는 단면의 지름)가 기체 분자의 열적 평균 자유 거리mean free path λ보다 훨씬 큰 경우 매크로 기공macropore이라고 하며, 그 크기는 50나노미터 이상이다. 이 경우는 기체 분자의 운동이 주변으로부터 아무런 제약을 받지 않는 벌크 확산bulk diffusion으로 기술된다. 이와 반대로 d가 2나노미터 이하이면 마이크로 기공micropore이라고 부르는데, 기공의 직경이 평균 자유 거리보다 훨씬 작아지기 때문에 그림 4-3에서 보듯이 기체 분자가 기공의 벽면에서 흡착과 탈착을 반복하며 확산한다. 이로 인해 분자가 기공을 통과하기 위해서 일정한 크기의 에너지 장벽을 넘어야 하고, 이를 활성 확산activated diffusion이라고 한다. 마이크로 기공과 매크로 기공의 중간 크기의 기공은 메조 기공mesopore이라고 한다.

다공체 재료는 이론적인 범위가 매우 넓고 응용 측면에서도 대단히 광범위하다. 우리가 모르는 채 일상생활에서도 항상 접하고 있는 재료다. 즉, 다공체 재료는 어디에나 존재한다. 그리고 동시에 다공체는 매우 복잡한 산물이다. 다공체에서 '다공'은 기공이 많다는 의미이지만 상황이 그리 간단하지만은 않다. 왜냐하면 기공의 크기는 매우 작은 나노미터부터 이보다 훨씬 큰 밀리미터까지 큰 폭의 변화를 보이고, 기공이 서로 연결된 형태 또한 복잡하기 때문이다. 기공의 크기에 따라 물리·화학적 특성이 급격히 바뀌고, 여기에 대응하는 합성법과 그 응용 분야 또한 다양하다.

그림 4-3 기체 분자가 좁은 기공을 통과할 때 흡착과 탈착을 반복하는 현상

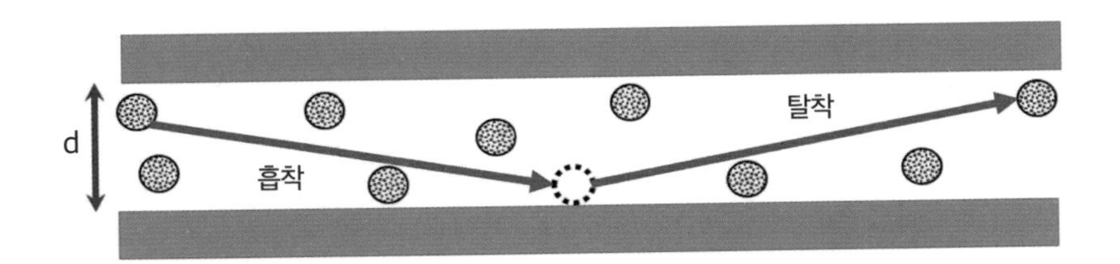

데시벨

데시벨(dB)은 거듭제곱 또는 제곱근인 두 값의 비율을 로그 스케일에서 상대적 변화로 나타내는 단위다. 예를 들어, 거듭제곱비는 10을 밑으로 하는 로그의 10배로 정의되어 파동의 세기(강도)가 10배 변하면 10데시벨의 크기 변화에 해당한다. 데시벨은 음향학, 전자/전기공학 등에서 다양한 측정에 사용된다.

음압sound pressure은 음파로 인해 발생하는 주변 대기압과의 국지적 압력 편차를 말한다. 음압의 SI 단위는 파스칼(Pa)이다. 음압 레벨SPL; sound pressure level은 소리의 상대적 크기를 의미하는데, 어느 기준값에 대해 소리의 상대적인 음압을 비교해 데시벨 단위로 나타낸 것이다.

$$SPL = 20\log_{10}\left(\frac{p}{p_0}\right) \quad [dB]$$

여기서 p는 측정하고자 하는 소리의 음압, p_0는 기준이 되는 음압이다. p_0는 인간이 감지할 수 있는 최저의 음압인데, 정성적으로 표현한다면 조용한 야외에서 낙엽이 떨어지는 소리에 해당한다. 수식에서는 공기중에서 p_0 = 20μPa, 수중에서 p_0 = 1μPa을 사용한다(μPa은 10^{-6} Pa). 소리의 강도는 음압의 제곱에 비례하므로 위 식에서 계수 20을 사용했다. 소리의 강도로 음압 레벨을 정의하면 다음과 같다.

$$SPL = 10\log_{10}\left(\frac{I}{I_0}\right) \quad [dB]$$

반향정위

반향정위는 동물 자신이 방출한 음파가 주변 환경에서 반사되어 되돌아올 때 발생하는 시간 지연을 측정해 표적의 거리와 방위에 대한 정보를 얻는 방법이다. 인간은 동물의 반향정위를 모방해 수중음향탐지기인 소나를 개발했다. 동물은 다양한 음향 환경과 사냥 행동에 적응해 사용하는 주파수 대역과 반향 위치를 조절해왔다. 예를 들어, 공중매박쥐는 20에서 60킬로헤르츠 사이의 주파수를 사용하는데, 이 대역이 먹잇감인 곤충이 감지할 수 있는 영역을 벗어나고 양질의 이미지를 얻기 때문이다. 일부 박쥐는 소리를 강하게 반사하는 물체에 접근할 때 소리의 강도를 낮추는데, 이는 강한 메아리로 인한 청각의 고통을 회피하고자 함이다.

반향정위는 주파수 변조FM; frequency modulation와 일정 주파수CF; constant frequency라는 두 가지 유형의 방식을 사용할 수 있다. FM은 광대역 신호로서, 고주파수에서 저주파수로 변조한다. 감지 대상물의 크기나 형태에 따라 반사가 용이한 특정 파장(또는 주파수)이 존재하므로 박쥐가 발생한 광대역 주파수 중 일부가 대상물로부터 반사되어 검출하게 된다. FM의 주요 장점은 대상을 매우 정확한 범위에서 식별하거나 위치를 파악한다는 것이어서, 주로 가깝고 복잡한 환경에 적합하다. 즉, 어수선한 환경에서 박쥐가 많은 양의 배경 소음으로부터 먹이를 찾아야 하는 경우 FM 방식이 유리하다. 단점으로는 호출 신호가 여러 주파수에 분산되기 때문에 표적을 탐지할 수 있는 거리가 제한된다는 것이 있다. 이는 특정 주파수에서 반환되는 메아리가 밀리초의 짧은 순간 동안만 존재하기 때문이다.

CF는 협대역 신호다. 음파가 발생되는 동안 하나의 주파수로 일정하게 유지된다. CF 방식은 박쥐와 목표물이 서로 상대적으로 움직일 때 발생하는 도플러 효과를 이용한다. 도플러 효과는 거리가 가까워지면 반사된 음파의 주파수가 올라가고, 반대로 멀어지면 주파수가 낮아지는 현상을 말한다. CF의 신호 에너지는 좁은 주파수 대역에 집중되므로 검출 거리는 FM 신호보다 훨씬 멀다.

반향정위에서 음파는 연속이 아닌 펄스 형태로 방출된다. 펄스의 지속 시간은 수에서 수십 밀리초다. 펄스를 사용하는 이유는 방출 소리와 반향을 겹치지 않게 하면서 더 빠르게 음파를 낼 수 있기 때문이다. 펄스 간격을 줄이면 박쥐는 가장 필요할 때 더 빠른 속도로 대상의 위치에 관한 새로운 정보를 얻을 수 있다.

분해능

트랜스듀서에서 다루는 분해능에는 공간 분해능spatial resolution과 에너지 분해능energy resolution이 있다. 본문에서는 공간 분해능의 뜻으로 사용했다. 공간 분해능의 정의는 소자가 구분할 수 있는 최소한의 거리(Δx), 즉 검출할 수 있는 최소입력증분smallest increment이다. 분해능을 제한하는 요인에는 소자 자체가 가진 결함과 주위에서 들어오는 잡음noise 등이 있다.

소자

소자는 어느 재료(또는 물질이라고 해도 좋다)를 사용해 특정한 기능을 구현하도록 제조한 부품을 말한다. 예를 들어, '반도체 소자'라 함은 반도체 물성을 가진 물질을 사용해 임의의 재료 공정을 거친 후에 전기회로에 삽입해 원하는 기능을 구현하도록 제조된 부품을 의미한다.

소파층

소파층은 음속이 최소가 되는 깊이의 바다에 존재하는 수평 수층을 말한다. 온도는 바다에서 소리의 속도를 결정하는 주요 요소다(**음파의 속력** 참조). 해수면 근처의 온도가 높은 지역에서는 음속이 빠르지만, 해수면으로부터 깊어지면서 온도가 낮아짐에 따라 음속 역시 감소한다. 수심이 더욱 깊어지면 압력이 온도를 지배해 온도가 안정된 영역에 도달한다. 즉, 대류와 같이 해수 온도에 미치는 요인보다 압력이 절대적이어서 온도가 일정해진다. 소파층은 압력이 온도를 지배하기 시작하는 최소 음속 지점에 있다. 소파층은 소리의 도파관 역할을 하는데, 특히 저주파수의 음파는 수천 킬로미터를 이동할 수 있다.[8]

그림 4-4 소파층으로 전달되는 음파

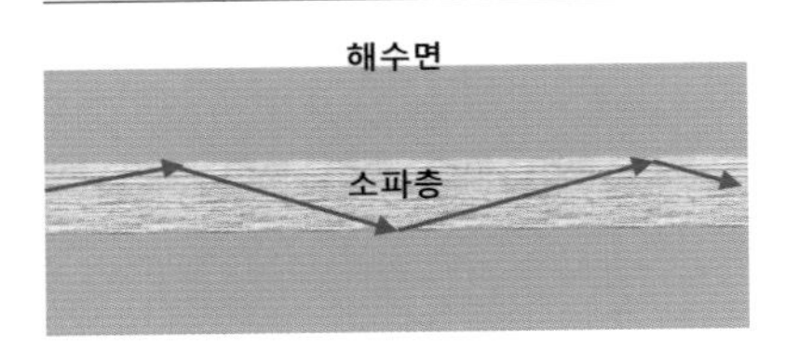

압전체

원자나 이온이 3차원적으로 규칙 배열된 것을 결정이라고 한다. 어떤 결정 구조는 한 점을 중심으로 회전시켜도 원래의 구조로 되돌아오는 반전대칭inversion symmetry을 가지고 있다. 그림 4-5처럼 360도의 1/2, 1/3, 1/4, 1/6만큼 회전시키면 원래 도형이 된다. 반전대칭을 가지고 있는 결정을 중심대칭centrosymmetry 그룹이라고 한다. 그 이외의 결정 구조는 반전대칭이 없고, 이들은 비중심대칭non-centrosymmetry 그룹이다.

그림 4-5 반전대칭을 갖고 있는 네가지 도형

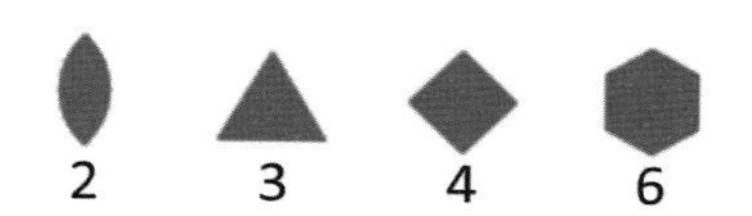

결정 내에서 양의 전하와 음의 전하의 중심이 분리되는 현상을 분극polarization이라고 한다(6장 용어 해설의 **분극률** 참조). 반전대칭이 없는 결정에 외부에서 힘을 가하면 치수 변형에 의해 분극이 나타나고, 이러한 재료가 압전 특성을 가진다. 압전 특성은 치수변화에 의해 분극(즉, 전기장)이 유기되는 압전 정효과direct effect와, 이와 반대로 전기장에 의해 치수가 변형되는 압전 역효과inverse effect로 나뉜다. 압전 특성은 전기기계결합계수ectromechanical coupling coefficient, k^2로 평가하는데, 이는 전기 에너지를 기계적 에너지로, 또는 그 반대로 변환할 때의 에너지 효율이다.

음파의 속력

소리의 속력은 진동이 얼마나 빨리 이동하는지를 나타내는 것으로, 파동이 탄성 매체를 통해 전파될 때 단위 시간당 이동한 거리다. 20℃에서 공기 중 소리의 속력은 초당 약 343미터(343m/s; 1,235km/h)다. 음파의 속력은 음파가 전파되는 매질의 종류와 온도에 따라 달라진다. 일반적으로 소리는 기체에서 가장 느리게 이동하고, 액체에서 더 빠르게, 고체에서 가장 빠르게 전달된다. 예를 들어, 물속에서는 1,481m/s, 금속(철)에서는 5,120m/s의 속도로, 다이아몬드와 같이 매우 단단한 물질에서는 12km/s의 속도로 전파된다. 온도가 낮아짐에 따라 음파의 속도는 저하되는데, 0℃에서 공기 중 소리의 속도는 약 331m/s다.

이와 같이 매질의 상태에 따라 음파의 속력이 달라지는 이유는 무엇 때문일까? 본문의 그림 4-1에 나타낸 바와 같이 음파는 소밀파다. 소밀파는 기계적 운동에 의한 압력의 변화로 발생하는 '역학적' 파동이다(이런 점에서 매질이 없는 진공에서도 전파되는 전자기파와 구별된다). 음파가 진행함에 따라 매질을 구성하는 입자들이 앞뒤로 진동하게 되는데, 입자가 앞으로 나아가려는 운동을 방해하는 관성과 인접한 입자 사이에 진동을 전달하는 특성 사이의 균형이 파동의 속력을 결정한다. 전자를 관성 특성, 후자를 탄성 특성이라고 부르고, 음파의 속력 v는

$$v = [(\text{탄성 특성})/(\text{관성 특성})]^{1/2}$$

으로 주어진다. 물리적 특성으로 표시한다면

$$v = (B/\rho)^{1/2}$$

이다. 여기서 B는 매질의 부피 탄성률, ρ는 매질의 밀도다. 부피 탄성률은 물질에 압력을 가해 부피가 변할 때 부피변화율과 압력 사이의 비례상수다. 임의의 부피변화율을 얻기 위해 더 큰 압력이 필요하다면 부피 탄성율이 큰 셈이다. 부피 탄성률이 클수록 인접한 입자 사이의 결합력이 강하다는 의미이고, 결합력이 강

하면 진동의 전달이 빨라져서 음파의 속력은 증가한다. 이와 반대로 매질의 밀도가 높으면 관성이 증가해 속력은 감소한다. 다이아몬드는 원자간 결합력이 가장 큰 물질이며, 구성 원소는 경원소인 탄소이므로 밀도가 크지 않다. 따라서 음파의 속력은 어느 고체에서보다 다이아몬드에서 가장 크다.

새벽에 들리는 기차 소리는 마치 기차가 가까운 데로 지나가는 것처럼 착각하리만치 명료하게 들린다. 이런 현상은 주위가 소음이 없는 조용한 상태라서 일어나는 것이 아니다. 새벽의 지표면은 하루 중 가장 온도가 낮은 상태이고, 지표면 바로 위의 공기층은 상층부보다 밀도가 높다. 따라서 소리의 속력은 지표 근처에서 낮고, 상층부로 올라가면서 빨라진다. 한낮에는 태양으로부터의 복사열에 의해 지표면이 데워져서 공기층의 온도가 역전되므로 소리는 반대 방향으로 휘어서 상층부로 전달되고, 지상의 먼 곳으로부터의 소리를 듣지 못한다. '낮 말은 새가 듣고, 밤 말은 쥐가 듣는다'라는 격언은 매우 과학적이다.

매질의 밀도 변화에 따라 소리의 방향이 바뀌는 이유는 이렇게 이해할 수 있다. 아스팔트 도로와 비포장 흙길이 만나는 경계면을 상상해보자. 자동차가 흙길(고밀도 공기층)로부터 포장도로(저밀도 공기층)를 향해 비스듬히 경계면을 통과한다면 경계면을 먼저 통과한 한쪽 바퀴는 굴림저항이 적은 포장도로를 선호하므로 경계면과 가까운 쪽으로 방향을 틀 것이다. 뒷바퀴도 경계를 지나면서 방향을 틀면 결국 자동차의 경로가 휘게 된다. 이는 수학자 페르마가 제안한 최소 시간의 원리principle of least time로도 설명된다. 즉, 파동이 어느 두 점을 잇는 선을 지나갈 때 걸리는 시간이 가장 빠른 경로를 택한다는 원리다. 파동이 목적지까지의 직선 경로를 취하기보다 더 돌아가더라도 저항이 적은 경로를

그림 4-6 기온에 따른 음파 진행 방향의 차이

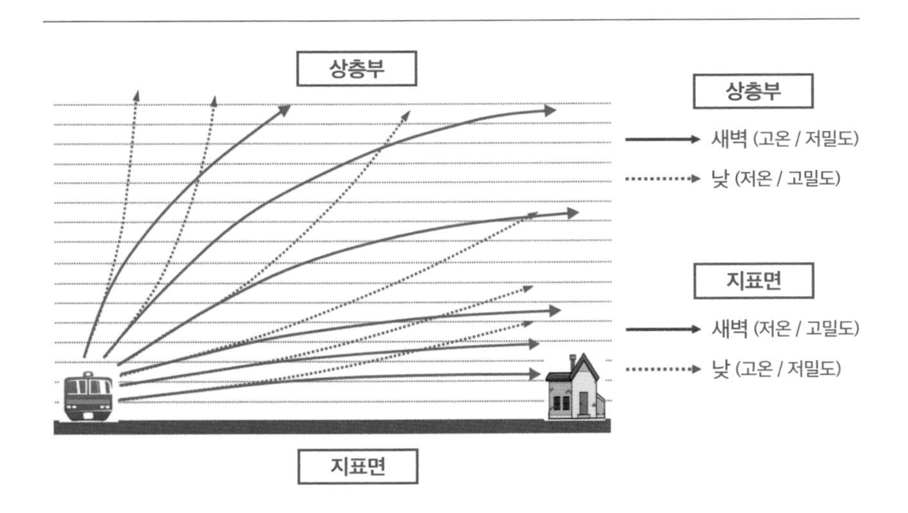

그림 4-7 밀도 차이로 인한 음파 경로의 휘어짐을 자동차 바퀴의 저항에 따른 방향 전환에 비유할 수 있다.

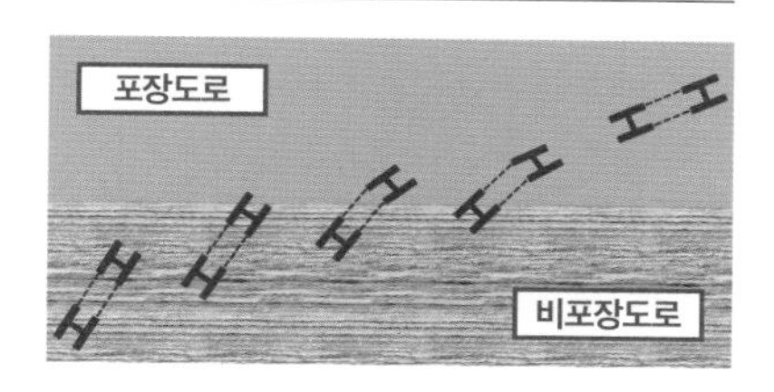

지나가면 전체 시간을 최소화할 수 있다.

차음재

차음재는 특정한 공간으로 유입되는 소음과 진동음을 차단하거나 흡음해 저주파 · 고주파 소음이 가진 복합에너지를 차단하는 재료를 의미한다. 일반적으로 차음재의 밀도가 크거나 차음판이 두꺼우면 차음 특성이 향상된다. 플라스틱과 같은 경량 구조물의 경우 차음, 제진과 흡음 특성을 얻기 위해서 경질의 충전제와 같은 무거운 소재를 수지 혼합물에 혼입해 일정 수준 이상의 비중을 유지한다. 음파는 재료 내에서 불균질한 상과 만나면 산란되면서 재료에 신장-압축 변형을 일으킨다. 이 변형 에너지는 최종적으로 열에너지 형태로 변환되면서 재료에 흡수된다.

작은 입자와 큰 입자 모두 같은 부피 비율로 혼합된 경우를 생각하자. 분산된 입자의 크기가 작을수록 수지와 접촉하는 단위부피당 계면적이 증가하므로 재료에 입사된 음파가 계면에서 산란을 일으키거나 굴절되어 재료 내에서 진행하는 경로가 길어지게 된다. 즉, 계면적이 클수록 음파의 손실이 증가하므로 작은 입자를 분산시킨 시편의 투과손실이 더 크게 나타난다. 충전제가 과량으로 첨가되면 분말끼리 서로 접촉하는 면적이 증가해 위와 같은 계면효과가 저감된다.

트랜스듀서

트랜스듀서는 임의의 신호를 다른 형태의 신호로 변환시키는 소자다. 신호의 대상은 전기장, 자기장, 기계적 변위, 열, 화학종, 빛 등 매우 다양하다. 특히 기계적 변위를 다루는 트랜스듀서를 액츄에이터actuator라고 한다. 기체 검출기와 같이 검출하는 기능을 강조한 것을 센서sensor라고 한다. 트랜스듀서에는 능동형active transducer과 수동형passive transducer이 있다. 능동형은 출력을 생성하기 위해 외부 전원이 필요하지 않은 장치다. 물리적 신호를 자체적으로 다른 신호로 변환할 수 있다. 수동형은 외부에서 전원을 공급받는 것으로, 자체적으로 다른 신호로 변환시키지 못하고 전원에 의존한다.

흡음재

흡음재는 음파의 에너지를 흡수하거나 반사해 일정한 공간 내에 입사하는 음파의 에너지를 약화시키는 역할을 한다. 소음 발생원으로부터 소음 발산 방지, 건축 구조물 내의 소음 저감, 방음 패널 재료, 무향실, 사무용 기기의 소음 저감 등의 용도로 사용한다.

흡음재를 적용하는 방법에는 그림 4-8과 같이 공명 흡수법과 저항 감쇄법이 있다. 공명 흡수법은 다공체인 흡음재의 표면에 구멍이 있는 판을 붙인 것으로, 구멍의 직경과 개구율(전체 표면적에서 구멍이 차지하는 면적의 비율)에 의존한다. 이때 흡음률이 최대로 되는 진동수가 나타나

그림 4-8 공명 흡수법과 저항 감쇄법에 의한 흡음 기구

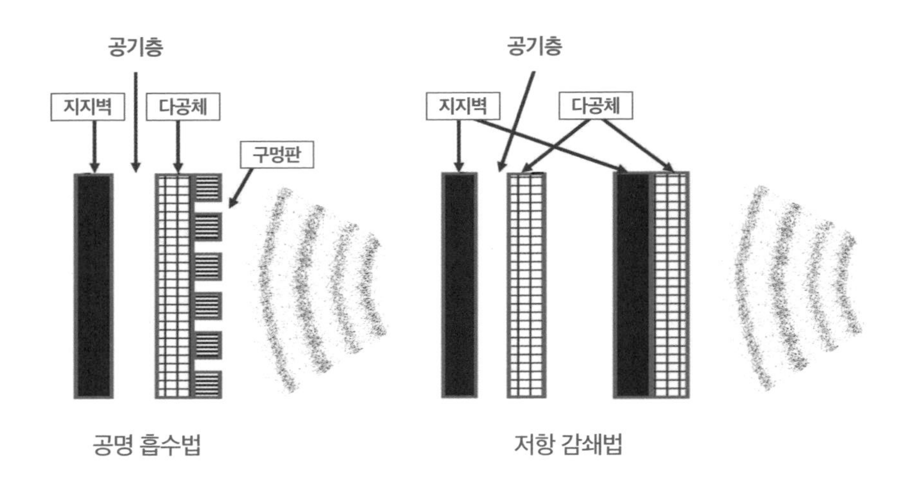

는데, 이를 공명 진동수라고 한다. 저항 감쇄법은 음파가 흡음재의 단위 면적을 통과하는 동안 흡수되는 성질을 이용한 것으로, 재료의 흡음률 이외에도 다공체의 기공률, 밀도, 두께, 공기층의 유무, 표면 거칠기 등에 의존한다. 고주파수 대역에서는 흡음재가 두꺼울수록 흡음률이 커진다. 전체 음역대를 고려한다면 공기층의 존재가 필요하다.

다공체 내에서 음파의 에너지는 다음과 같은 과정으로 소실된다. 첫째, 기공 내에 포함된 공기 분자들이 음파에 의해 진동하고, 기공 벽과 충돌한다. 이로 인해 음파의 에너지는 열에너지로 변환된다. 둘째, 종파인 음파가 다공체 내로 침투하면 기공 내의 공기가 주기적인 수축과 팽창을 일으키고, 이에 에너지가 소모된다. 셋째, 기공 벽이 진동을 일으켜 에너지를 소모한다. 이를 감안하면 흡음용 다공체를 제조할 때 다음과 같은 재료 공학적 접근을 해야 한다.

첫째, 기공률(시편의 전체 부피 중에서 기공의 부피가 차지한 비율)이 커야 한다. 둘째, 음파를 기공 내로 진행시키면서 에너지를 흡수하기 위해 다양한 형태와 적절한 크기를 가진 기공들이 서로 연결되어야 한다. 셋째, 기공은 시편 표면과 연결된 개기공open pore이어야 한다.

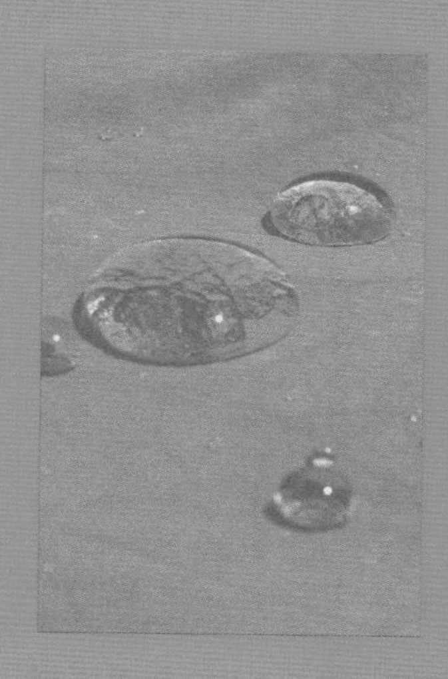

MATERIALS
SCIENCE

제 5 장 물방울 굴리기

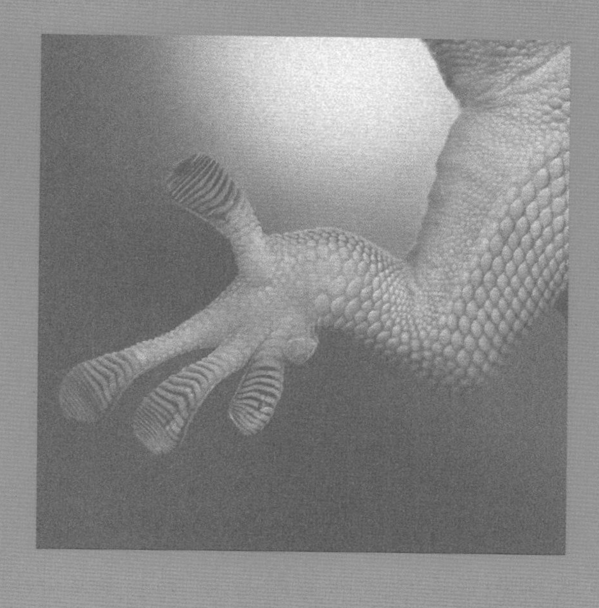

진흙에서 피어난 꽃

연꽃은 연꽃과 연꽃속의 여러해살이 식물인데, 연못이나 강바닥에 뿌리를 박고 아름다운 꽃이 물 위로 피어난다. 뿌리는 물 밑 토양에 내리고, 잎은 수면 위로 떠 있다. 잎자루의 길이는 최대 2미터에 달해 깊은 물에서도 자랄 수 있다. 연잎의 직경은 평균 30센티미터이고, 최대 80센티미터인 연잎도 발견된다. 꽃이 떨어진 후 남은 씨앗 꼬투리는 건조해질 때까지 서 있다가 매년 수백 개의 씨앗을 연못 바닥에 떨어뜨린다. 씨앗은 장기간의 휴면 상태로 생존할 수 있다. 약 1300년 된 연꽃 씨앗이 성공적으로 발아한 기록이 있을 정도다.[1] 이 식물은 우리에게 유용한 먹을거리를 제공한다. 흰 연꽃잎으로 연꽃차를 만들고, 수술은 건조해 향기로운 허브차로 만든다. 연잎은 밥을 감싸서 쪄내는 용도로도 사용된다. 연근은 우리에게 친숙한 반찬거리이기도 하다.

아시아 권역의 고전 문학에서 연꽃은 우아함, 순수함, 아름다움을 상징하는 형태로 나타난다. 연꽃은 문학보다 더 근본이라고 할 수 있는 종교에서 두드러진 지위를 확보하고 있다. 불교에서는 연꽃이 탁한 물 위에 떠 있는 것을 물질적 애착과 육체적 욕망에서 벗어난 몸과 마음의 순수함에 비유한다. 꽃이 피면서 동시에 씨앗을 심는 모습은 원인과 결과의 동시성이라는 불교의 원리와 상응한다. 초기 대승불교 경전 중의 하나인 법화경法華經, the Lotus Sutra에서는 연꽃이 가르침을 대중에게 전하는 모범적인 수행자인 보살을 상징한다.[2)] 이같이 불교계에서 심오한 상징성을 가지고 있는 연꽃의 형상은 불상의 좌대, 본당의 제단과 천장, 탑, 기와 등 많은 곳에서 볼 수 있다.

사진 5-1 연꽃 문양을 새긴 좌대 위의 불상

배경에 연잎으로 가득 찬 연못이 보인다.
(남양주 봉선사)

연꽃의 순수함은 연잎이 가지는 특수한 기능에 힘입은 바가 크다. 연잎을 자세히 관찰하면 항상 물방울이 맺혀 있음을 볼 수 있다. 햇빛을 받아서 영롱하게 반짝이는 큰 물방울은 그 자체로도 아름다운데, 물방울이 연잎에 묻은 먼지를 제거해 연잎은 항상 고귀한 상태를 유지한다. 비가 온 후 자동차에 묻어 있는 먼지는 빗방울이 떨어지면서 공기 중 먼지를 포집한 결과물이다. 마찬가지로 연잎 위에서 굴러다니는 물방울이 먼지를 흡착해, 연

사진 5-2 연못 위에 핀 연꽃(왼쪽), 연잎 위에 굴러다니는 물방울(오른쪽)

잎은 '자기 청정' 기능을 발휘할 수 있는 것이다. 이제 연잎이 지닌 물리화학적 청소 능력을 들여다보자. 그 이전에 우리는 물이라는 별난 물질을 이해해야 한다. 사실 연잎의 자기 청정 기능은 물과 잎의 합작품이기 때문이다.

물이라는 물질

물 분자(H_2O)는 두 개의 수소 원자와 한 개의 산소 원자로 결합되어 있다. 어느 원자가 다른 원자와 화학 결합을 할 때 전자를 끌어들이는 정도를 **전기 음성도**electronegativity라고 한다. 전기 음성도가 높을수록 원자가 전자를 더 끌어당긴다. 각각의 원자는 전자를 끌어당기는 능력이 서로 다른데, 주기율표에서 오른쪽 상단에 위치한 질소, 산소, 불소와 같은 비금속 원소의 전기 음성도는 다른 종류의 원소보다 크다. 물 분자에서 산소와 수소는 공유 결합을 이루는데, 그림 5-1에서 보듯이 산소는 수소의 전자를 더 많이 당겨서 산소 원자 부근의 전자 밀도가 높아진다. 이로 인해 물 분자는 **쌍극자 모멘트**

그림 5-1 물 분자에서 전자 밀도의 분포를 보여주는 그림

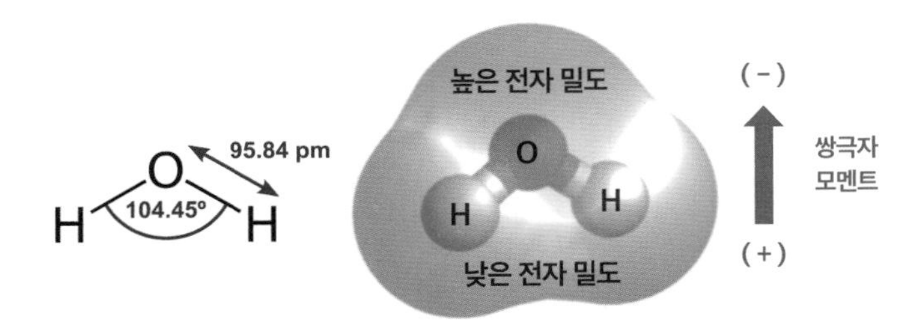

dipole moment, 즉 극성을 가진다.

물질은 표면의 극성에 따라 **친수성**hydrophilic 물질과 **소수성**hydrophobic 물질로 구별된다. 친수성은 물 분자에 끌려서 물에 용해되는 성질이고, 소수성은 물에 끌리지 않으며 물에 반발하는 성질이다. 극성이 강한 물질은 같은 극성 물질인 물에 이끌려서 친수성 물질이다. 극성 물질끼리 접촉하면 서로

그림 5-2 고상, 액상, 기상 사이의 표면 장력 γ가 액상의 적심에 미치는 영향

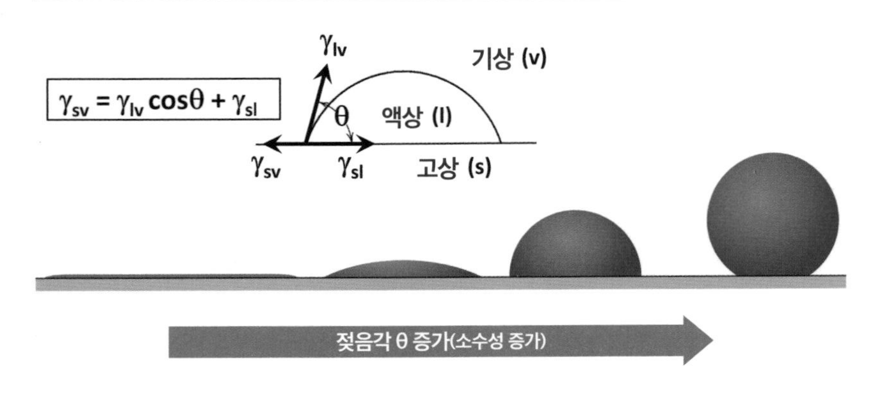

고상 물질이 소수성일수록 접촉 면적이 작아지므로 젖음각(접촉각)wetting angle θ가 커진다.

다른 전하 사이에 정전기적 인력이 작용해 서로 '친한' 물질이 되는 것이다. 이와 반대로 소수성은 극성이 낮아서 물과 친하지 않다. 여기서 연잎의 표면은 소수성임을 유추할 수 있다.

높은 극성으로 인해 물 분자는 이웃한 분자들과 강한 **수소 결합**hydrigen bond을 형성한다. 수소 결합은 대부분의 액체에서 작용하는 분자간 힘인 **반 데르발스 힘**van der Waals force보다 수 배에서 열 배 더 강하다. 이 때문에 물의 녹는점, 끓는점, 비열 등이 물과 유사한 화합물에 비해 월등히 높다. 또한 물은 큰 표면 장력을 나타낸다. 표면 장력은 물이 좁은 관 속에서 중력을 거슬러서 위로 이동하려는 경향인 모세관 현상을 일으키는 중요한 요인이다. 그러고 보면 나무와 같은 모든 관다발 식물은 물의 특성을 절묘하게 이용해 번성하는 셈이다. 모세관 힘이 작용하지 못하는 경우도 있다. 북미대륙의 서부 해안가에 서식하는 세쿼이아sequoia 나무는 키가 120미터를 웃돌

사진 5-3 미국 캘리포니아 레드우드 국립공원의 세쿼이아 나무(왼쪽), 태평양에서 세쿼이아 숲으로 밀려드는 해무(오른쪽)

사진 5-4 설산을 배경으로 얼음을 지치는 스케이터

아서 모세관 현상으로 물을 끝까지 올릴 수 없다. '궁하면 통한다'고 이들은 바다에서 형성된 해무의 물방울을 나뭇잎이 붙잡아서 물을 공급받는다.

물의 밀도는 섭씨 4도에서 가장 크다. 겨울이 되면 호수의 물이 얼기 시작한다. 만일 얼음의 밀도가 액체인 물보다 크다면 얼음은 호수 바닥으로 가라앉아서 모든 물고기가 공기 중에 노출될 것이다. 다행히도 얼음은 밀도가 낮아서 수면 위에 뜨므로 그런 일은 발생하지 않는다. 한 가지 더, 물의 **상태도**phase diagram를 보면 일정한 온도에서 압력을 가하면 얼음은 물로 상전이함을 알 수 있다(이런 현상을 보이는 물질은 몇 안된다). 스케이터가 신은 날카로운 금속 날이 얼음을 지치면 접촉면에서 압력이 높아지므로 순간적으로 얼음이 녹아서 물이 되어 윤활 작용을 한다. 그렇지 않다면 스케이트 날이 얼음에 박혀서 꼼짝달싹 못 할 것이다. 동계 스포츠도 물의 특성에 신세를 지고 있다.

물방울 굴리기

연잎의 소수성은 일차적으로 표면의 물질이 가진 화학적 특성에서 비롯된 것이다. 즉, 연잎을 뒤덮고 있는 물질은 밀랍의 일종으로 소수성이다. 잎의 윗면을 덮고 있는 밀랍의 주성분은 노나코세인다이올nonacosanediols($C_{29}H_{60}O_2$)이다(약 65%).[3] 이는 다른 지방질 밀랍에 비해 높은 융점을 나타낸다. 그런데 이것만으로는 연잎이 가진 뛰어난 물방울을 굴리는 능력을 설명하지 못한다. 소수성이라는 화학적 특성 이외에 연잎의 미세구조라는 물리적 측면도 함께 고려해야 연잎의 자정 능력을 온전히 설명할 수 있다.

연잎의 표면을 전자현미경으로 확대하면 그림 5-3과 같은 중층 구조가 관찰된다.[4] 연잎의 각피에는 높이가 약 10~20마이크로미터인 돌기가 10에서 15마이크로미터 간격으로 배열되어 있다. 연잎 표면의 돌기의 밀도는 1제곱밀리미터당 약 3,400개로 다른 소수성 식물보다 월등히 많다.[5] 각각의 돌기에는 높이가 0.3~1마이크로미터(300~1,000나노미터)이고 직경이 80~120나노미터인 밀랍 세관tubule이 빽빽하게 돋아 있다. 즉, 마이크로미터 크기의 구조와 나노미터 구조가 중층되어 있는 셈이다.

그리고 연잎의 소수성은 바로 나노 크기의 밀랍 세관이 담당한다. 노나코세인다이올은 탄소가 29개로 이루어져 있고, 양 끝에 메탄(CH_3)기가 붙어 있다. 극성인 수산화기(-OH)는 분자의 중간에 붙어 있다. 밀랍의 구조를 엑스선 회절법으로 조사하면 장거리 규칙성이 발견된다. 즉, 노나코세인다이올 분자들이 일정한 구조로 배열되어 있다는 의미다. 그림에서 보는 바와 같이 노나코세인다이올 분자는 나란히 인접해 밀랍 세관의 벽을 형성한다.

그림 5-3 연잎 위 표면의 중층 구조

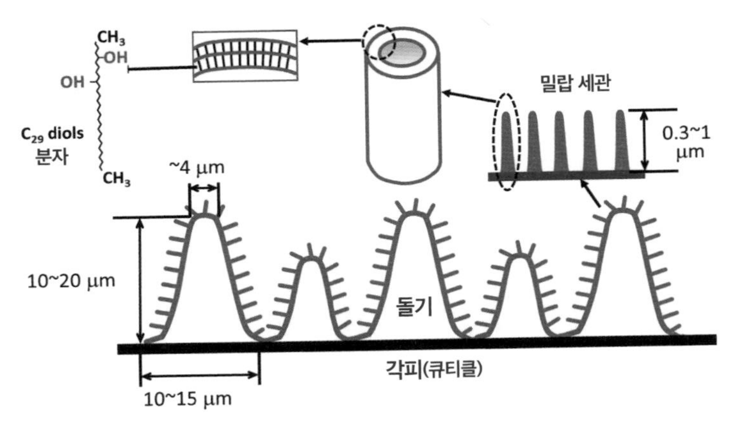

높이가 10~20마이크로미터인 돌기와 돌기 표면에 붙은 높이 0.3~1마이크로미터인 밀랍 세관으로 이루어져 있다. 소수성인 C_{29} diol 분자가 가지런하게 배열되어 세관의 벽을 구성한다.

극성인 OH기는 벽 안쪽에 숨어 있어서 물 분자가 결합하지 못한다. 그리고 소수성인 메탄기가 바깥에 노출되어 있으므로 밀랍 세관은 완벽하게 소수성이다. 그런데 그림 5-3과 같은 복잡한 중층 구조는 왜 필요할까?

새벽녘, 기온이 내려가면서 공기 중을 떠돌던 물 분자는 응축할 장소를 모색하기 시작한다. 온도가 낮아지면 공기가 머금을 수 있는 물 분자의 양이 적어지기 때문이다(수증기의 증기압이 낮아졌다는 의미다). 마침내 수증기가 연잎 표면에 자리 잡기 시작한다. 기체 분자가 모이고 모여서 물방울로 커진다. 그림 5-4처럼 처음에는 작은 물 분자들이 돌기 주변의 공간을 빼곡히 채운다. 시간이 지나면서 응축되는 분자의 양이 많아지면 소수성 표면에 더 이상 접촉하지 않고 물방울은 각피와 떨어져서 밀랍 돌기 위에만 걸치게 된다. 이러한 전환이 저절로 일어나는 것은 아니고 약간의 기계적 충격이 필요

그림 5-4 연잎 위에 응축하는 물 분자

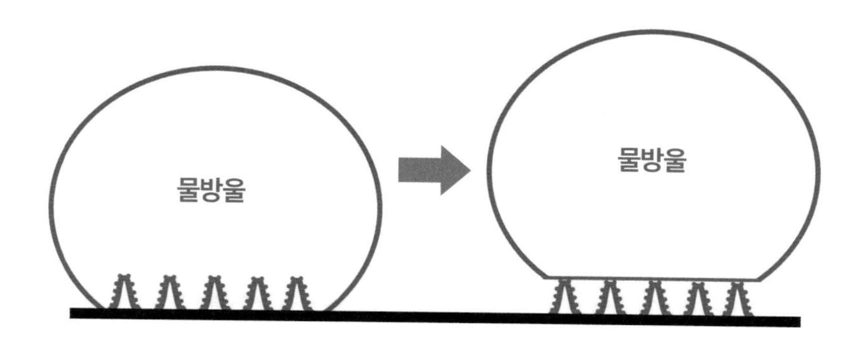

물 분자는 초기에 왼쪽 그림과 같이 돌기 주변의 모든 공간을 차지한다. 기계적 충격에 의해 물방울은 오른쪽 그림처럼 돌기 위에 놓이게 된다.

하다. 바람이나 헤엄치는 물고기가 이를 담당한다.

고체 표면이 아무리 소수성이라고 해도 물방울과의 접촉 면적이 0은 아니다(예를 들어, 적심각이 160도 언저리라면 표면의 약 2%가 서로 접촉한다). 물방울이 가진 무게에 의해 돌기에 압력이 전달된다. 그러나 소수성 표면이므로 물방울이 깊숙이 침투하지 못하도록 접촉면에서 반발력이 발생한다. 그림 5-5에서 보듯이 잎이 기울어져 물방울이 굴러가기 시작하면 진행 방향의 뒷부분에서 접촉해 있던 물 분자는 표면에서 떨어져야 하지만 **분자간 힘** intermolecular force으로 인해 어느 정도 지탱하는 힘이 작용한다. 따라서 물과 표면의 접촉 면적은 작을수록 유리하고, 이를 반영한 구조가 그림 5-3의 중층 구조다. 돌기의 일정하지 않은 높이도 물방울이 굴러가는 데 유리하다. 낮은 돌기는 물과 접촉하지 않아서 실제로 물방울과 접촉하는 돌기의

그림 5-5 연잎이 기울어졌을 때 물방울의 앞부분과 뒷부분이 연잎 돌기와 접촉한 형태

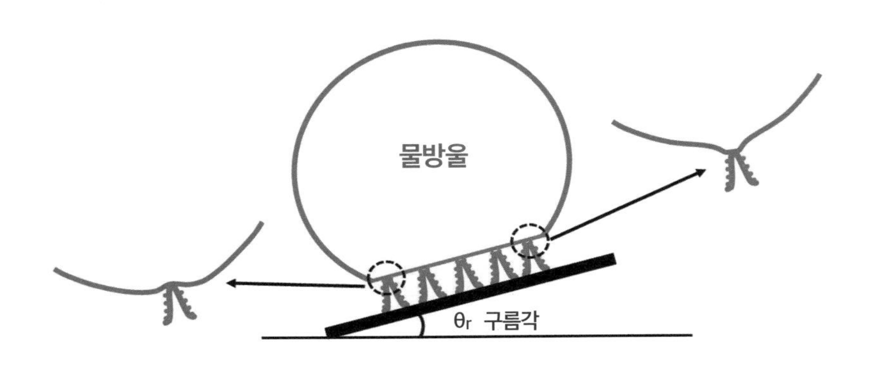

뒷부분에서 돌기와 물 분자 사이의 분자간 힘에 의해 인력이 발생함을 알 수 있다.

개수가 작아지기 때문이다. 그리고 연잎 돌기 끝부분의 직경은 다른 식물보다 작다. 연잎은 물방울과의 접촉 면적을 최소화시킨 셈이다. 이상과 같은 여러 종류의 기능을 종합해 연잎은 매우 높은 소수성, 즉 초소수성superhydrophobicity을 실현했다(보통 젖음각이 150도 이상이면 초소수성이다). 초소수성을 이용한 연잎과 같은 자기 청정 기능을 '연잎 효과lotus effect'라고 한다.

표면의 소수성을 평가하기 위해 무엇을 측정해야 할까? 우선 그림 5-2의 젖음각이 필요하다. 이 각도는 계를 이루는 각 물질 사이의 에너지 관계를 반영한다. 고상과 액상 사이의 표면 장력(즉, 고상과 액상 사이의 계면 에너지) γ_{sl}이 클수록 젖음각 θ는 커진다. 에너지가 높은 고상과 액상 사이의 접촉 면적을 줄여야 계의 전체 에너지가 낮아지기 때문에 일어나는 현상이다. θ가 90도를 넘으면 소수성으로 분류하며, θ가 클수록 그 표면은 소수성이 강하다. 연잎의 젖음각은 160도를 넘는다. 그러나 다른 식물에서도 이 정도의 젖

음각은 쉽게 찾을 수 있다. 두 번째로 구름각roll-off angle이 있다. 이는 표면을 기울일 때 물방울이 굴러 내려가기 시작하는 각도로서, 연잎의 구름각은 2.7도에 불과하다.[6] 마지막으로 젖음각 히스테리시스hysteresis가 있다. 물방울의 부피가 커질 때 측정한 젖음각은 부피가 줄어들 때의 젖음각과 비교해 항상 크거나 같다. 두 가지 각도의 차이를 히스테리시스라고 한다. 젖음각은 정적 상태를 반영하고, 젖음각 히스테리시스는 동적 상태에 관한 지표다. 연잎처럼 물방울이 쉽게 구르는 경우는 히스테리시스가 매우 작다.

물방울 매달기

사진 5-5의 장미꽃을 보자. 연잎과는 다르게 물방울이 대롱대롱 매달려 있음을 알 수 있다. 심지어 꽃잎을 거꾸로 뒤집어도 물방울이 떨어지지 않는다. 이런 현상을 '꽃잎 효과petal effect'라고 한다.[7] 물론 장미꽃 표면도 소수성이다. 그렇지 않다면 물방울이 넓게 퍼질 터다. 연잎과는 단지 미세구조에서 약간의 차이가 있을 뿐인데, 나타나는 현상은 매우 다르게 보인다.

사진 5-5 장미꽃잎 위의 물방울

연잎과는 다르게 물방울이 굴러떨어지지 않고 매달려 있다.

연잎에서 일어나는 현상을 다시 들여다보자. 연잎 표면에는 나노 크기의 밀랍 세관이 불규칙하게 배열되어 있다. 위에 놓인 물방울의 상태는 그림 5-2에서 보는 것처럼 세 종류의 표면 장력으로 결정되는데, 세관의 불규칙한 배열 때문에 접촉점에 따라 밀랍 세관과의 접촉 각도에 변동폭이 존재한다. 국부적으로 힘의 균형이 미묘하게 다르다는 의미다. 따라서 물방울이 어느 방향으로든 약간 움직이더라도 기존의 변동폭 범위에서 벗어나지 않기 때문에 구형에 가까운 형태를 유지하고, 구름각이 작아진다.

장미 꽃잎의 미세구조는 연잎보다 간격이 더 넓은 돌기와 그 위에 형성된 나노 주름으로 이루어진다. 연잎과 마찬가지로 마이크로 구조와 나노 구조의 중층이지만, 돌기의 표면은 연잎의 세관보다 더 낮으면서 더 넓은 주름으로 뒤덮여 있다. 따라서 그 위에 형성되는 물방울은 그림 5-4의 왼쪽처럼 꽃잎의 모든 표면과 접촉하게 된다. 접촉 면적이 넓으므로 물방울은 분자간 힘에 의해 고정되려는 경향이 커지고, 히스테리시스도 증가한다. 그렇게 물방울을 매달 수 있게 되었다. 연잎을 에탄올에 담가서 밀랍 세관을 제거하면 연잎 효과가 사라지고 꽃잎 효과가 관찰되는 것으로 보아 표면의 미세구조가 결정적인 역할을 하고 있음을 알 수 있다. 그런데 연잎의 자정 능력도 좋지만 장미 꽃송이 위에 맺힌 물방울도 예쁘지 아니한가. 연잎 효과와 꽃잎 효과, 모두를 좋아하지 않을 수 없다.

혼돈 속의 파편

연잎을 이해하는 마지막 관문이 남았다. 바로 '중층 구조를 어떻게 정량화해 해석할 것인가'에 대한 문제다. 우리는 점, 선, 면, 공간이라는 기준으로 물체를 파악한다. 각각은 유클리드 공간Euclidean space에서 0, 1, 2, 3차원이

그림 5-6 코흐 눈송이

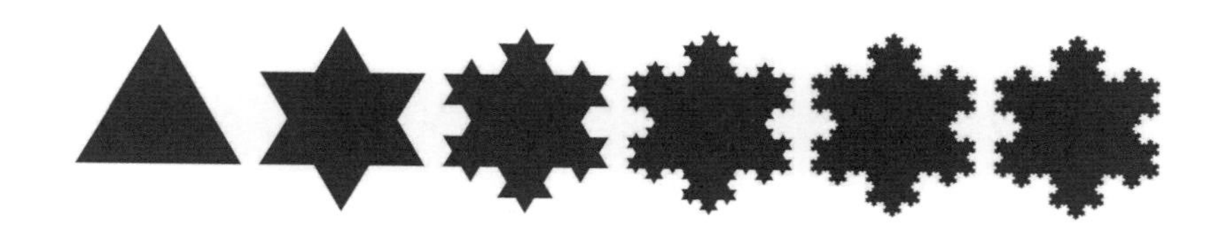

다. 면이라고 생각했던 연잎을 확대해 보면 돌기가 보인다. 그 위에 작은 요철이 있고, 요철을 확대하면 다시 어떤 면으로 구성되어 있다. 그렇다면 연잎을 2차원 면이라고 부를 수 있겠는가? 그림 5-6을 보자. 코흐 눈송이Koch snowflake라고 하는 도형이다. 작도하는 방법은 이러하다. 먼저 정삼각형을 그린다. 각 변을 3등분한 후 1/3 길이의 정삼각형을 선의 중심에 붙인다. 그러면 한 변의 길이가 1/3만큼 증가해 4/3 길이로 된다. 이러한 과정을 무한히 반복해 얻은 도형이 코흐 눈송이다. 한쪽 변만 떼어낸 선을 코흐 곡선Koch curve이라고 하는데, 이를 계속 확대하면 기존의 모양이 다시 나타난다. 이러한 성질을 자체 유사성self-similarity, 그리고 자체 유사성을 가진 도형을 프랙털fractal 도형이라고 부른다.

독자 여러분은 그림 5-7과 같은 현란한 도형을 접한 경험이 있을 것이다. 이는 만델브로 집합Mandelbrot set을 색으로 구분해 컴퓨터로 그린 그림이다. 1993년 개봉한 영화 〈쥬라기 공원〉에서 수학자가 손등에 물방울을 떨어트리면서 혼돈chaos 이론을 설명하는 장면을 기억하는가. 혼돈 이론은 동역학계dynamical system에서 매우 작은 초기 조건의 변화가 예측할 수 없는 불규칙한 결과로 이어진다는 이론으로, 나비의 작은 날갯짓이 멀리 떨어진 곳에서

그림 5-7 만델브로 집합을 색으로 구분한 그림

토네이도로 변신할 수 있다는 나비 효과butterfly effect로 대중에게 알려졌다. 그림 5-7의 만델브로 집합은 혼돈 특성을 나타내는 동역학계의 해를 복소평면에 그린 것인데, 경계선은 프랙털 곡선이다. 곡선을 확대하면 같은 이미지가 무한히 반복되는 자체 유사성을 나타낸다. 혼돈을 확대하면 작은 파편이 계속 나타나는 셈이다. 혼돈 동역학계는 보통 프랙털 특성을 가진다. 디자인에서 프랙털 도형을 종종 차용하는데, 컴퓨터로 그린 다양한 프랙털 도형은 혼돈 동역학계를 이용해 그린 것이다.

코흐 눈송이를 작도할 때 변을 무한히 반복해 분할했으므로 코흐 곡선의 길이는 무한대다. 그런데 코흐 눈송이의 면적은 유한하다! 즉, 코흐 눈송이의 안쪽을 색칠할 수는 있으나(유한하므로) 눈송이를 실로 둘러쌀 수는 없

다(무한하므로). 코흐 눈송이는 기존의 차원으로 정의할 수 없음이 분명하다. 따라서 자체 유사성을 가진 형상에 대한 별도의 차원, 즉 **프랙털 차원**fractal dimension이 필요하다. 눈치를 챘겠지만 프랙털 차원은 정수가 아니다. 연잎을 자른 단면에서 표면의 윤곽을 관찰해 프랙털 차원 D를 구한 결과 작은 세관에서는 1.48, 큰 돌기에서는 1.36으로 나타났다.[6] 예상했던 바와 같이 선임에도 불구하고 1보다 큰 값이다(물론 면을 의미하는 2보다는 작다). 표면에 대한 프랙털 차원 D_S는 D에 1을 더하면 된다. 우리가 연잎을 모방해 초소수성 표면을 제조하고자 할 때 프랙털 차원은 일종의 기준이 된다.

사막에서 살아남기

만일 독자 여러분이 열기로 뒤덮인 건조한 사막에 살아야 한다면 생존을 위해 무엇부터 해결해야 할까. 이글거리는 태양광으로부터 도피할 지붕, 뜨거운 모래의 열기를 차단할 깔개, 얼굴을 때리는 모래바람을 막아줄 차단막 등 여럿이 있겠지만 물이 없으면 몇 시간도 못 버티리라.

나미브 사막에 서식하는 일부 딱정벌레 중에는 공기 중에 포함된 미량의 수분을 포집해 생명을 영위하는 종이 있다. 딱정벌레는 습한 야간에 바람이 불어오는 쪽으로 머리를 숙여서 등을 돌린다. 딱딱한 앞날개의 윗면에 이슬이 맺힌다. 다시 말하자면 공기 중에 수증기가 날개의 표면에서 핵생성과 성장을 거쳐서 액체로 응축된다. 어느 정도로 커진 물방울은 껍질의 오목한 골을 타고 입으로 굴러 들어간다. 날개 표면은 화학적으로 이중 구조인데, 작은 언덕처럼 볼록하게 튀어나온 부분은 친수성이어서 수증기가 물로 맺히는 장소를 제공한다. 물로 응축될 때 젖음각이 작아서 넓게 퍼져야 더 많은 물을 흡착시킬 수 있고, 바람에 날아가지 않는다. 그 반면에 골은 소수성이어서 친수성 표면에서 커진 물방울이 아래로 떨어져서 쉽게 굴러가는 통로로 사용된다. 즉, 친수성과 소수성 표면이 절묘하게 어우러져 수분을 획득하는 것이다.[8] 안개*를 만나면 날개가 직접 물방울에 접하게 되는데, 이때는 소수성 표면만 기능하면 된다.

생명체는 물이 없으면 살아갈 수 없다. 즉, 물과 친할 수밖에 없다. 그런데 교묘하게도 생물은 물을 멀리하는 소수성을 적극적으로 이용하기도 한다. 그 결과로 어느 생물은 척박한 환경에서 살아남을 수 있고, 어느 생물은 인간에게 종교적 의미를 제공한다. 생명체의 능력에는 한계가 없어 보인다.

---

* 작은 물방울이 공기 중에 분산된 콜로이드의 일종이다.

용어 해설

반데르발스 힘

분자간 힘 참조

분자간 힘

분자간 힘(또는 2차 힘)은 각종 인력이나 척력을 포함한 분자 간의 상호작용을 중재하는 힘이다. 분자간 힘은 분자 안에서의 힘, 즉 분자를 구성하는 원자 간의 힘에 비해 약하다. 예를 들어, 원자 사이에 전자쌍을 공유하는 공유 결합은 이웃한 분자 사이의 힘보다 훨씬 세다. 대표적인 분자간 힘은 **반데르발스 힘**이다. 분자가 영구 쌍극자(외부 조건에 관계없이 분자의 구조 상 항상 발현하는 쌍극자)를 가지면 이들 쌍극자 사이에 정전기적 인력이 발생해 결합하게 된다. 영구 쌍극자를 갖지 않는다고 해도 국부적으로 전하의 치우침이 발생하면 일시적인 쌍극자가 유도되어, 즉 유도 쌍극자가 생성되어 결합을 일으킨다. 작용하는 방식에 따라 키섬 힘, 디바이 힘, 런던 힘 등으로 구분된다.

상태도

재료의 성질은 계에서 존재 가능한 여러 가지 상의 성질과 상의 개수, 재료를 구성하는 미세 구조의 크기와 형태 등에 의존한다. 어느 물질계가 주어진 온도와 압력에서 어떤 상으로 존재하는가가 재료를 이해하고 사용하는 데 주요한 문제인 것이다. 물질의 상에 영향을 미치는 요인으로 가장 중요한 것은 온도와 압력, 그리고 다른 물질(성분)과의 물질 교환이다. 물질계가 평형에 놓였을 때, 즉 계의 에너지가 최소이거나 시간에 따라 상태의 변화가 없을 때 계는 일정한 법칙을 따른다. 평형 상태에서 온도, 압

그림 5-8 반데르발스 힘의 종류

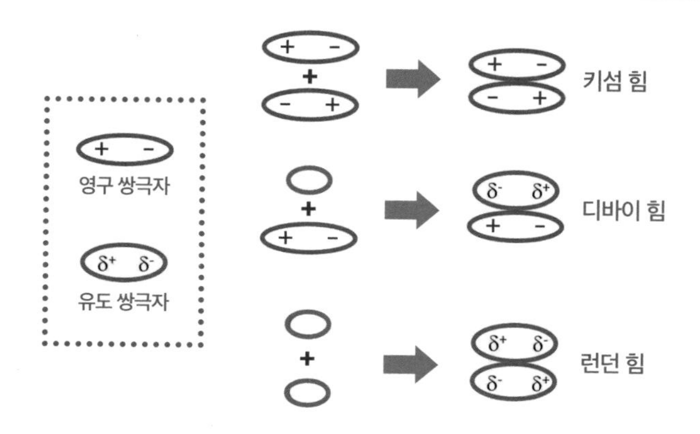

그림 5-9 물의 상태도

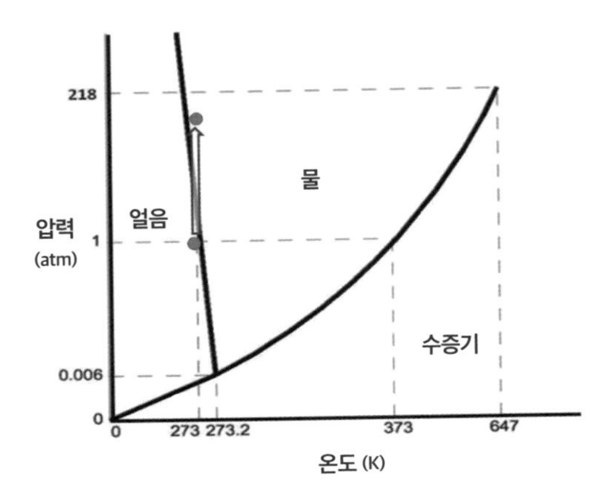

력, 성분 등이 상에 미치는 영향을 도식화한 그림이 상태도다.

물을 예로 들어보자. 물은 하나의 성분으로 간주한다. 물 분자는 수소와 산소라는 두 종류의 원소로 이루어지지만, 각각의 원소가 공유 결합해 독립적으로 거동하는 물 분자를 이루기 때문이다. 물의 상태도를 보면 얼음(고상)과 물(액상) 사이의 경계선의 기울기가 음수임을 볼 수 있다. 따라서 온도가 일정할 때 압력이 높아지면 얼음이 물로 상전이한다(그림 5-9에서 화살표로 표시). 경계선의 기울기는 고상이 액상으로 전이할 때의 부피 변화량에 반비례한다. 얼음이 물로 녹으면 부피가 줄어들므로 기울기는 음수로 된다.

수소 결합

수소 결합(H-결합)은 수소를 포함한 분자 사이에서 나타나는 쌍극자-쌍극자 간의 특수한 인력이다. 수소 원자가 N, O, F와 같이 전기 음성도가 높은 원자와 결합하면 극성이 매우 높은 공유 결합을 형성한다. 그림 5-10의 물을 보면 **전기 음성도**가 큰 산소는 δ-만큼, 전기 음성도가 작은 수소는 δ+만큼 전하 비대칭이 발생한다. 따라서 수소 원자는 인접한 산소 원자에 정전기적으로 결합하게 된다. 수소 결합의 세기는 반데르발스 결합보다 크고, 이온 결합이나 공유 결합보다는 작다.

그림 5-10 물분자 사이의 전하 이동

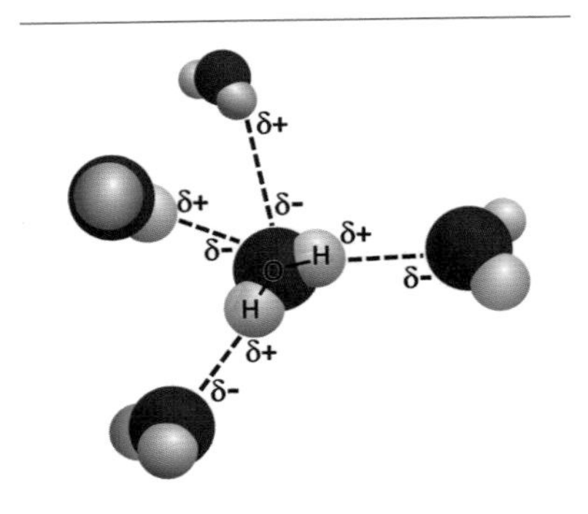

쌍극자 모멘트

(전기) 쌍극자 모멘트는 계에서 양전하와 음전하가 분리된 정도를 나타내는 척도다. 계의 전체 극성을 나타낸다고 할 수 있다. 쌍극자 모멘트의 크기는 분리된 전하의 크기와 분리 거리에 비례한다. 따라서 쌍극자 모멘트의 SI 단위는 C·m(쿨롱미터)다.

전기 음성도

일반적으로 원자가 가진 양성자가 많을수록 전자를 더 끌어당기므로 전기 음성도가 커지고, 전자가 많을수록 전자를 더 적게 끌어당기므로 전기 음성도는 낮아진다. 전기 음성도는 다른 여러 화학적 특성과 상관관계가 있다. 전기 음성도는 직접적으로 측정할 수 없는데, 다른 원자와의 결합 상태나 분자 특성을 고려해 계산되어야 한다. 가장 큰 전기 음성도를 보이는 원소는 불소이고(3.98), 세슘이 가장 약하다(0.79).

전기 음성도를 정량적으로 측정한 과학자는 미국의 라이너스 폴링이다. 폴링은 노벨 화학상과 노벨 평화상을 받아서 한 개 이상의 노벨상을 수상한 다섯 명 중 한 명이다. 다른 과학자들은 모두 공동 수상자이지만, 그는 두 개의 노벨상을 각각 단독으로 수상했다. 서로 다른 분야에서 노벨상을 수상한 과학자는 두 명인데, 다른 하나는 마리 퀴리다.

친수성과 소수성

친수성 분자는 물과 같은 극성 물질과의 상호작용이 기름이나 지방과 같은 소수성 물질과의 상호작용보다 열역학적으로 더 유리한 분자다. 일반적으로 친수성 물질은 분극되어 있어서 수소결합이 가능하다. 물뿐만 아니라 다른 극성 용매에도 용해된다. 소수성 물질은 극성을 가지지 않아서 물에 용해되지 않는다.

어떤 분자는 친수성 분자와 소수성 분자를 함께 가지고 있다. 이를 양극성 분자amphipathic molecule라고 한다. 이러한 예는 비누다. 그림 5-12는 양극성 분자들이 모여서 이룬 마이셀micelle 분자의 구조를 보여준다. 비누 분자는 전형적인 마이셀의 일종이다. 분자의 머리는 친수성이고 꼬리(C-H 사슬)는 소수성인데, 기름과

그림 5-11 원소의 전기 음성도

H 2.1																	He ---
Li 1.0	Be 1.5											B 2.0	C 2.5	N 3.0	O 3.5	F 4.0	Ne ---
Na 0.9	Mg 1.2											Al 1.5	Si 1.8	P 2.2	S 2.5	Cl 3.0	Ar ---
K 0.8	Ca 1.0	Sc 1.3	Ti 1.5	V 1.6	Cr 1.6	Mn 1.5	Fe 1.8	Co 1.8	Ni 1.8	Cu 1.9	Zn 1.6	Ga 1.6	Ge 1.8	As 2.0	Se 2.4	Br 2.8	Kr 3.0
Rb 0.8	Sr 1.0	Y 1.2	Zr 1.4	Nb 1.6	Mo 1.8	Tc 1.9	Ru 2.2	Rh 2.2	Pd 2.2	Ag 1.9	Cd 1.7	In 1.7	Sn 1.8	Sb 1.9	Te 2.1	I 2.5	Xe 2.6
Cs 0.7	Ba 0.9	La-Lu 1.1-1.2	Hf 1.3	Ta 1.5	W 1.7	Re 1.9	Os 2.2	Ir 2.2	Pt 2.2	Au 2.4	Hg 1.9	Tl 1.8	Pb 1.8	Bi 1.9	Po 2.0	At 2.2	Rn ---
Fr 0.7	Ra 0.9	Ac-No 1.1-1.7															

그림 5-12 마이셀 분자의 구조

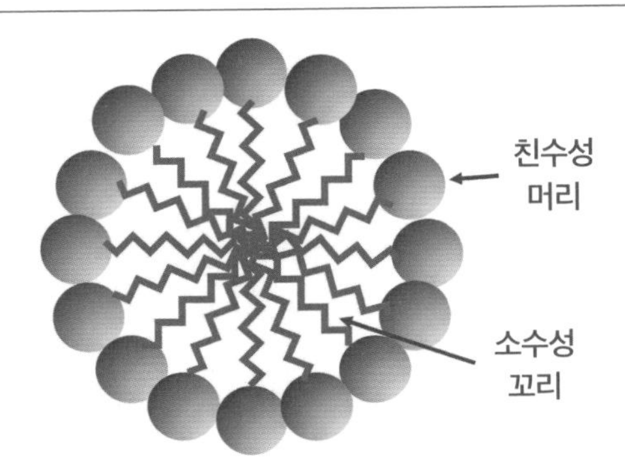

실제 모습은 구형이다.

같은 소수성 때를 비누 분자의 꼬리가 감싸서 직물로부터 떼어낸다. 양극성 분자의 또 다른 예는 세포막을 구성하는 지질^lipid^이다. 지질 분자의 소수성 꼬리끼리 결합해 이중층을 형성하고, 친수성인 머리는 외부로 향해 세포 안팎의 물과 접촉한다.

프랙털 차원

일정한 길이의 선을 1/n만큼 줄일 때 원래의 형태를 유지한다고 하자. 거꾸로 이를 n^1배 하면 원래의 선으로 돌아올 것이다. 마찬가지로 정사각형과 정육면체의 각 변을 1/n등분하면 정사각형은 n^2배, 정육면체는 n^3배 해 원래 형태로 돌아온다. 여기서 n의 지수가 차원이 된다.

프랙털 도형을 1/k만큼 나눌 때 자체 유사성을 유지한다면, 프랙털 차원 D는 다음과 같이 정의된다.

$$D = \log(k)/\log(M) = \log(\text{조각의 개수})/\log(\text{확대배율})$$

정육면체를 예로 들어보자. 1/n 등분하면 조각의 개수는 n^3이고, 확대배율은 n이다. 따라서 $D = \log(n^3)/\log(n) = 3$이 된다. 코흐 곡선은 한 변이 4개의 조각으로 나뉘었고, 확대배율은 3이므로 D = log4/log3 = 1.231…로 된다.

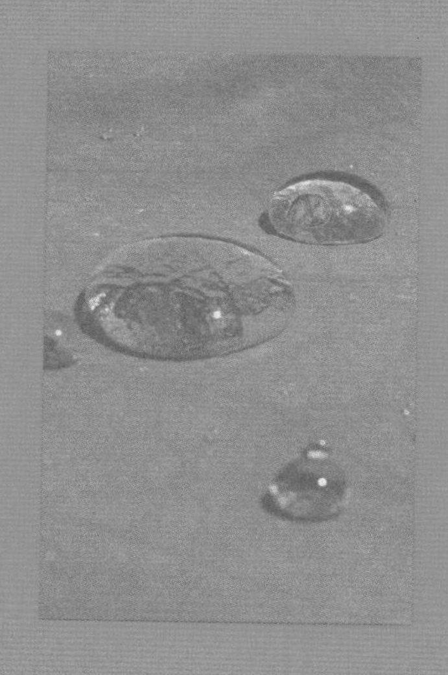

MATERIALS
SCIENCE

제 6 장 끈끈이

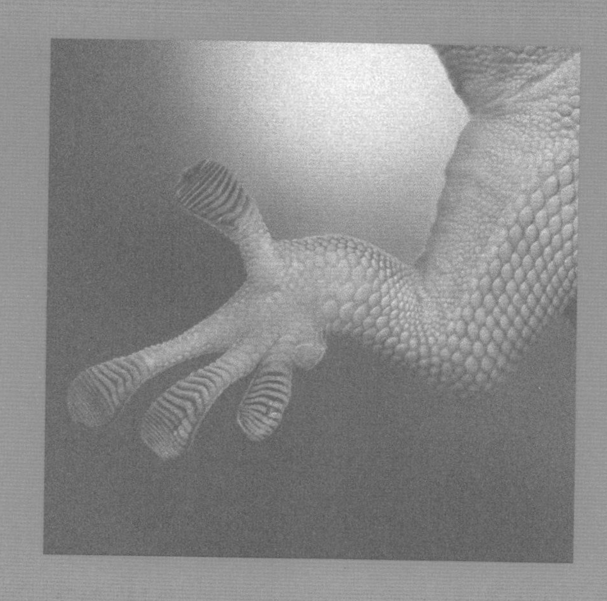

미션 파서블

1996년 처음 개봉한 영화 '미션 임파서블' 시리즈는 2023년 〈미션 임파서블: 데드 레코닝〉까지 일곱 편이 이어졌다. 이 시리즈의 인기는 톰 크루즈라는 배우에 많이 의존하지만, 시리즈 전반에 걸쳐 등장하는 첨단 장치를 보는 재미도 쏠쏠하다. 특히 〈미션 임파서블 4: 고스트 프로토콜〉은 개봉한 지 10년이 넘었지만, 지금 보아도 여전히 흥미로운 장비로 가득 차 있다.

장면 1: 수많은 군중 속에서 특정 얼굴을 스캔할 수 있는 스마트 콘택트렌즈가 등장한다. 팀원들은 다른 방에서 즉시 인쇄되는 복사본을 만들기 위해 렌즈를 착용한다. 한 번의 눈 깜박임으로 앞에 있는 종이를 복사해서 전송까지 한다면 사무실의 작업 능률을 대폭 끌어올릴 수 있을 것이다. 장면 2: 크렘린에 침입해야 하는 장면에서 요원들은 접이식 스크린을 꺼내어 가상의 화면을 만들어낸다. 스크린 뒷면에는 움직이는 지지대에 부착된 카메라가 있고, 이 카메라는 경비원의 반대 방향을 캡처한 다음 스크린에 투사해 경비병을 속인다. 장면 3: 주인공이 두바이에 있는 초고층 빌딩, 부르즈칼리파의 유리벽을 올라갈 때 등산 장갑을 착용한다. 이 전자기 장갑의 손바닥에는 물체의 표면에 달라붙을 수 있도록 도와주는 작은 돌기들이 붙어 있다. 손을 굴리는 동작으로 달라붙었다가 떨어졌다가가 계속 반복된다. 영화에서처럼 장갑이 말썽을 부리지만 않는다면 초고층 빌딩을 무단으로 오르는 겁을 상실한 사람들이 대량으로 등장할지도 모른다.

여기서 사족. '미션 임파서블' 시리즈는 항상 성공적으로 임무를 마치고 끝을 낸다. 실은 '미션 파서블'인 셈이다. 영화에 등장하는 각종 첨단 기기도 이미 일부는 실용화되었거나, 아니면 시간문제일 뿐 언젠가는 만들어질 '파서블' 제품이다. 즉, 우리가 상상하는 모든 기술은 '미션 파서블'이다.

접착력의 원천

이 장의 주인공은 도마뱀붙이gecko다. 도마뱀붙이는 주로 온대와 열대 지역에 서식하는 파충류다. 식충성과 잡식성이 특징으로, 곤충과 벌레를 포함한 다양한 먹이(귀뚜라미, 거저리, 과일과 야채, 쥐 등)를 먹는다. 도마뱀붙이의 종류는 1,000종이 넘으며, 다양한 색상을 자랑한다. 도마뱀lizard과 다르게 쌍으로 알을 낳고, 지저귀는 소리와 짖는 소리를 낸다. 대부분의 도마뱀붙이류는 눈꺼풀이 없으며, 끈끈한 발가락을 가지고 있어 벽을 오를 수 있다. 장면 3의 등반 장갑이 모방한 바로 그 생물이다.

우리는 나무를 올라가는 딱정벌레, 파리채를 피해 달아나는 파리, 거미줄에 붙은 거미들이 벽에 붙거나 심지어 천정에 거꾸로 매달려도 전혀 이상

사진 6-1 도마뱀붙이의 발

하게 생각하지 않는다. 왜냐하면 이들은 매우 작고 가볍기 때문이다. 신체 길이가 커지면 표면적은 길이의 제곱, 몸무게는 세제곱에 비례해 증가한다. 따라서 도마뱀처럼 곤충에 비해 훨씬 크고 무거운 생물이 벽을 기어 올라간다는 사실은 경이적이다.

그동안 도마뱀붙이가 달라붙는 접착력에 대해 많은 연구가 진행되었다. 초기에 여러 가설이 등장했다. 접착 액체, 마이크로 빨판, 정전기 힘 등이 그것이다. 그러나 실험을 통해 위 가설들은 폐기되었고, 끝까지 논쟁이 된 힘의 원천은 분비물에 의한 모세관 힘과 분자간 힘이다.

모세관 힘은 표면이 친수성이어야 발휘된다. 즉, 발이 접촉하는 표면은 매우 극성이 높아서 액체와의 적심각이 작아야 한다. 많은 종류의 곤충과 개구리, 심지어 포유류도 모세관 힘을 이용한다.* 도마뱀붙이의 발에는 액

* 겨울철 보온력을 높이기 위해 유리창에 물을 뿌리고 소위 '뽁뽁이'를 붙이는 것은 모세관 힘을 이용한 좋은 예다.

체 분비샘이 없다. 그렇다고 해도 공기 중에 떠도는 수증기 분자가 표면에 단 하나의 분자층으로도 응축되면 모세관 흡착이 가능하므로 섣부른 판단은 금물이다.*

도마뱀붙이의 발바닥 표면은 강모setae라고 불리는 수백만 개의 털로 구성되어 있다. 강모는 표피에서 튀어나온 섬유질 구조의 케라틴 단백질이다. 따라서 도마뱀붙이의 발은 소수성이다. 상식선에서 판단한다면 도마뱀붙이의 발은 접촉하는 표면의 친수성, 소수성을 구분하지 않고 동일한 정도로 붙어야 한다. 만일 친수성과 소수성이 접착력의 차이를 만든다면 도마뱀은 위험을 감지하고 급히 도망칠 때에 발을 붙일 곳을 신중히 골라야 할 것이다.

모세관 힘 또는 반데르발스 힘이 접착력에 미치는 영향을 어떻게 확인할까? 앞 장에서 분자간 힘에 대해 알아보았다. 분자간 힘을 일으키는 보편적인 원천은 물질을 구성하는 원자나 분자 사이에 발생하는 전하 불균형이다. 영구 쌍극자는 특수한 조건에서 나타나는 반면에, 유도 쌍극자는 정도의 차이가 있을지언정 언제든 일어날 수 있다. 물질 내에서 전하가 분리되는 정도를 **분극률**polarizability이라고 하고, 재료가 가지는 총 분극을 측정한 거시적인 값을 **유전율**permittivity이라고 한다. 분극률이 클수록 유도 쌍극자가 발생할 확률이 높고, 반데르발스 힘이 강해진다.

실험 방법은 이러하다. 갈륨아세나이드(GaAs), 친수성 표면으로 처리한 실리카(SiO_2), 실리콘(Si), 테플론(polytetrafluoroethylene) 등을 준비한다. 각 물질의 적심각(θ)과 상대 유전율(ε_r)은 다음과 같다: 갈륨아세나이드(θ = 110°, ε_r

* 물 분자 사이의 강한 수소 결합으로 인해 물은 한 층만 형성되어도 서로서로 결합하려는 성질이 있다.

= 10.88), 친수성 실리카(θ = 0°, ε_r 〉 4.5), 실리콘(θ = 81.9°, ε_r = 11.68), 테플론(θ = 105°, ε_r = 2.0). 따라서 갈륨아세나이드는 소수성/분극성, 친수성 실리카는 친수성/분극성, 실리콘은 소수성/분극성, 테플론은 소수성/비분극성이다. 각 표면에 대해 도마뱀붙이 발의 접착력을 측정한 결과 갈륨아세나이드, 친수성 실리카, 실리콘 사이에는 큰 차이가 없었다.[1] 즉, 표면의 친수성과 소수성은 접착력에 영향을 미치지 못한다. 모세관 힘이 작용하지 못하는 소수성 표면에서도 충분히 높은 접착력을 보여주므로 모세관 힘 모델이 맞지 않음을 알 수 있다. 그 반면에 유전 상수가 낮은, 그러니까 유도 쌍극자의 생성이 어려운 테플론에는 접착이 어려웠다. 결론은 반데르발스 힘이 도마뱀붙이류의 접착에 기여하는 주요 메커니즘이다.

나눌수록 강해진다

그림 6-1을 보자. 도마뱀붙이의 발에 붙은 미세한 털, 즉 강모는 길이가 5밀리미터이고, 직경은 5마이크로미터로 사람의 머리카락보다 가늘다. 하나의 강모는 최대 20밀리그램의 무게를 지탱할 수 있다. 총 수백만 개의 강모의 도움으로 도마뱀붙이는 약 140킬로그램을 지탱할 수 있다. 각 강모의 끝에는 주걱spatula이라고 불리는 수천 개의 이등변삼각형 모양의 구조물이 달려 있다. 주걱의 크기는 수십에서 200나노미터다. 주걱에는 날카로운 모서리가 있어 특정 각도로 응력을 가하면 구부러지고 표면과 더 많이 접촉해 수직으로 올라갈 수 있다.

도마뱀붙이는 주걱을 재료 표면과 접촉시켜 반데르발스 힘을 생성한다.

그림 6-1 도마뱀붙이 발의 미세구조 스케치

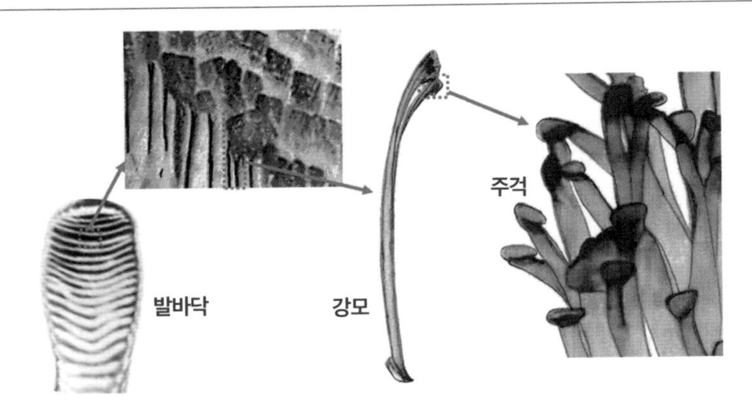

왼쪽에서 오른쪽으로 확대한 그림이다.

표면과의 접촉면이 넓을수록 생물의 몸 전체를 지탱하는 반데르발스 힘이 더 커진다. 따라서 주걱이 많을수록 부착력은 더 커진다. 그런데 왜 미세한 강모와 주걱의 집합인가? 발 전체가 면적이 넓은 하나의 면으로 이루어지면 안 되는 이유라도 있는가? 흥미롭게도 임의의 면적을 여러 개로 나누어 작은 면적의 집합체로 만들면 접착력이 증가한다. 그 연유를 알아보자.

여기서 간단한 수학을 동원한다. 우선 접착력 F는 강모의 변의 길이 L과 주걱과 표면 사이의 단위 면적 당 접착에너지 γ의 곱으로 주어진다는 사실을 기억하자($F \propto L \cdot \gamma$).* 그림 6-2처럼 한 변을 k개의 주걱으로 분할하면 각 주걱의 길이는 L/k로 작아진다. 총 n개로 분할했다면 $k^2 = n$이므로 $L/k = L/\sqrt{n}$이다. 하나의 주걱이 가지는 접착력은 $F_s \propto (L/\sqrt{n}) \cdot \gamma$이고, 이러한 주

* 문제를 쉽게 풀기 위해 사각형의 주걱이 편평하게 2차원으로 배열한다고 가정한다.

그림 6-2 하나의 강모에 n개의 주걱이 배열된 모습

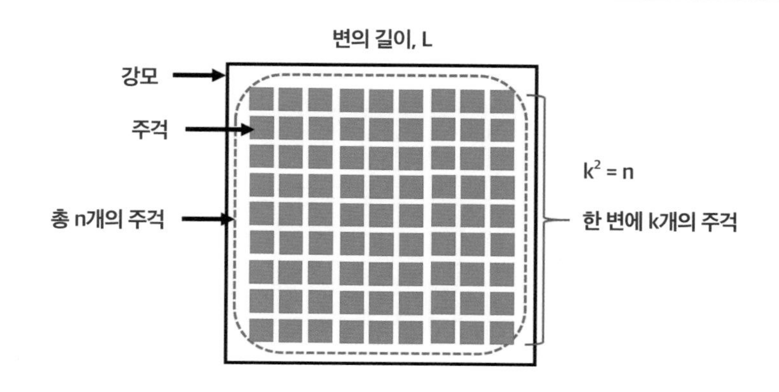

걱이 n개 모여 있으니 강모가 가지는 접착력은 $F \propto n \cdot (L/\sqrt{n}) \cdot \gamma = \sqrt{n} \cdot L \cdot \gamma$이다. 하나의 면을 n개로 분할했더니 총 접착력은 $\sqrt{n}$ 배만큼 증가했다![2)]

딱정벌레, 파리, 거미, 도마뱀의 순으로 몸무게가 증가한다. 가장 가벼운 딱정벌레의 발판은 길이가 약 4~10마이크로미터인 하나의 면으로 구성된다. 무게가 증가하면서 각 발판의 면적은 점점 작아지고, 개수는 많아진다. 도마뱀붙이의 발이 수많은 주걱으로 이루어진 것은 우연이 아니다.

자체 유사성

주걱을 옆에서 보았을 때의 형상도 중요하다. 앞서 보았듯이 도마뱀붙이 발의 접착력은 표면의 화학적 특성과는 관계없고, 접촉 면적에 비례한다. 그렇다면 그림 6-3에서 보는 바와 같이 주걱면이 볼록하게 휜 형태가 유리할 것이다. 도마뱀이 누르는 정도에 따라 접촉 면적이 달라지고, 이는 스스로 접

그림 6-3 주격의 형상[2)]

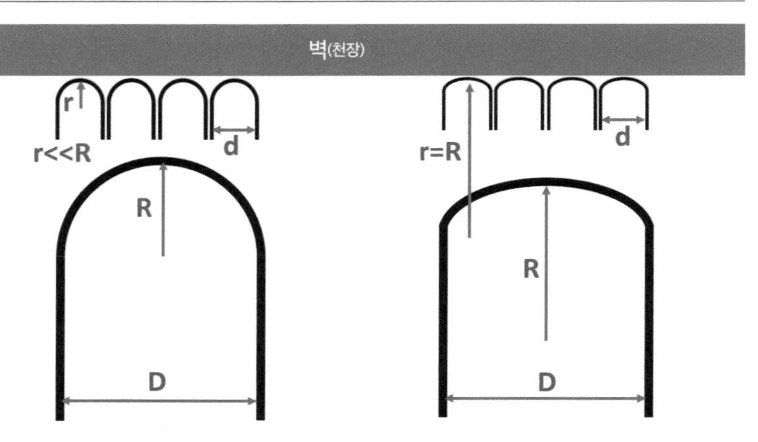

(왼쪽) 주격이 가늘어져도 끝 부분의 모양은 자체 유사성을 유지하고, 곡률반경은 작아진다. (오른쪽) 주격이 가늘어져도 곡률 반경은 그대로다.

착력을 조절할 능력을 가짐을 의미하기 때문이다.

그림 6-3의 왼쪽은 주걱이 가늘어지면서 직경과 곡률 반경의 비율이 변하지 않는, 자체 유사성을 가진 도형이다. 즉, D/R = d/r = n이다. 여기서 D와 d는 각각 분할 전의 직경과 분할 후의 직경이다. 그리고 R과 r은 각각 분할 전의 곡률 반경과 분할 후의 곡률 반경이다. 그 반면에 오른쪽 도형은 끝부분이 비교적 평탄해 주걱이 가늘게 분할되어도 곡률 반경은 그대로 유지되므로(r=R) 직경과의 연관성이 없다. 왼쪽의 형태는 누르는 힘을 증가시킴에 따라 매우 작은 접촉면에서 출발해 최대의 면적으로 증가한다. 그리고 자체 유사성을 가지므로 주걱이 가늘어져도 위와 같은 기능을 유지할 수 있다. 이에 반해 오른쪽 형태는 처음부터 큰 면적으로 접하기 때문에 면적이 증가해도 이득이 작다. 주걱의 직경이 작아지다 보면 끝의 곡률 반경이

무한대가 되어 평면이 되고 마는 지점이 있다. 즉, 최소 직경이 존재하고, 그보다 가는 주걱은 주요 기능을 잃어버린다.

생물의 발이 어느 형태를 따르는지는 단위 면적당 강모의 밀도와 체중 사이의 상관관계에서 알 수 있다. 딱정벌레나 파리는 그림 6-3의 오른쪽 형태를 가지는 것으로 파악되었다(자체 유사성이 없다). 그러나 이들을 포함한 다른 곤충, 거미, 도마뱀붙이 등에 대해 모두 조사해 하나의 상관관계로 판단하면 왼쪽의 형태를 따르는 것으로 나타났다.[2] 가벼운 생물은 굳이 자체 유사성을 갖지 않아도 부착 능력을 발휘한다. 그러나 몸무게가 증가할수록 수많은 강모와 주걱이 필요하고, 주걱의 모양은 자체 유사성을 가져야만 강한 부착력을 확보한다.

자체 유사성 형태는 또 다른 장점을 가진다. 〈미션 임파서블 4: 고스트 프로토콜〉을 보면 주인공이 장갑을 유리창에 붙였다가 뗄 때는 손바닥의 한쪽 끝으로부터 순차적으로 이격시킨다. 그림 6-4를 보자. 자체 유사성이 없는 강모는 넓은 면적으로 접하고 있어서 한꺼번에 수직으로 힘을 들여 모

그림 6-4 주걱을 떼어내는 두가지 방법

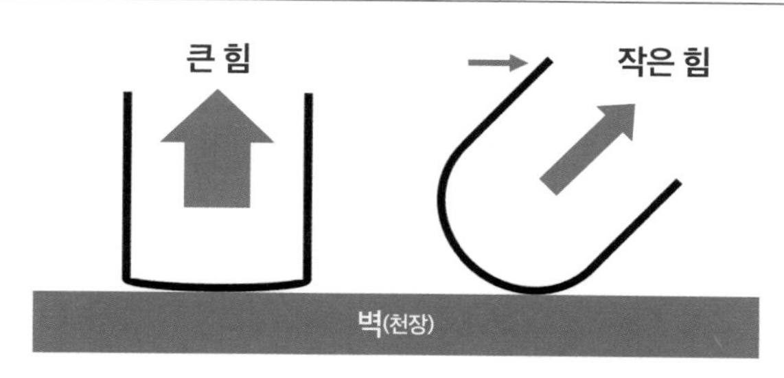

주걱을 수직 방향으로 떼기보다는 주걱을 기울여서 접촉 면적을 작게한 후 떼어내면 작은 힘으로 뗄 수 있다.

든 강모를 떼기에는 큰 힘이 든다. 그 반면에 자체 유사성이 있는 강모를 옆으로 기울여서 가장자리부터 하나씩 떼어내면 작은 힘으로 가능하다.* 당연히 주걱의 표면 끝이 동그란 형태가 유리하다. 강모를 옆으로 밀면 주걱의 동그란 형태가 회복되어 접촉면이 줄어들므로 약한 힘으로 발을 뗄 수 있는 것이다.

더러운 표면

도마뱀붙이가 가는 길이 항상 깨끗하지만은 않다. 작고 큰 요철도 있을 것이다. 재료과학의 표현을 빌리자면 발을 붙이는 표면에는 각종 **결함**defects이 존재한다. 하나의 넓은 주걱이 결함을 밟으면 접촉이 떨어질 위험이 크다. 그 반면에 수많은 강모의 조합으로 이루어지면 그중 하나가 결함을 밟거나, 또는 강모의 일부가 떨어져도 전체의 접착력은 크게 소실되지 않는다. 이는 결함 크기의 대소에 관계없이 작용한다. 접촉 면적을 잘게 나눈 형태야말로 도마뱀붙이가 벽을 기어오르는 가장 중요한 원동력이다.

여기서 살짝 의심이 든다. 강모에 붙어버린 먼지와 같은 결함은 어찌할 것인가? 반데르발스 힘이 작용해 도마뱀붙이가 벽에 붙는다고 했으니, 마찬가지 원리로 먼지도 발에 착 달라붙을 것 아닌가? 이런 식으로 먼지가 붙다 보면 언젠가는 접착 능력을 잃어버리리라. 다행스럽게도 도마뱀붙이의 강모는 자기 청정 기능을 가지고 있다.

---

* 뻘 속에 발이 파묻혔다면, 한 번에 발을 빼내기보다는 뒤꿈치부터 살살 위로 당겨보자. 수월하게 빠질 것이다.

그림 6-5 여러 개의 구형 주걱이 구형 먼지와 접촉하고, 먼지는 벽에 접촉한 모형

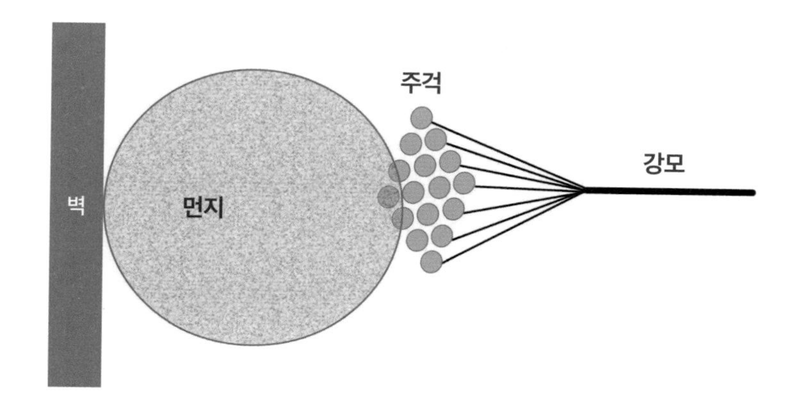

그림 6-5를 보자. 수백 나노미터 크기의 다수의 주걱들이 먼지에 붙어 있고, 수 마이크로미터 크기의 먼지는 벽에 붙어 있다. 그림은 강모-먼지입자와 먼지입자-벽 사이의 반데르발스 힘이 균형을 이룬 장면이다. 이론 계산에 의하면 주걱과 먼지입자의 직경의 비율이 n배일 때 약 n개의 주걱이 먼지에 붙으면 힘의 균형을 이룬다.[3] 도마뱀붙이가 발에 먼지를 묻혀 왔다. 그런데 먼지와 접촉한 주걱의 개수는 몇 안 된다. 이런 상태로 발을 다른 깨끗한 벽에 문지르면 먼지-벽 사이의 힘이 강모-먼지 사이의 힘보다 커서 먼지는 벽에 붙고 발에서 떨어져 나간다. 도마뱀붙이는 발을 청소한 셈이다. 앞 장에서 본 연잎의 물방울을 이용한 자기 청정은 습식인데, 도마뱀붙이의 자기 청정은 건식이다. 집안 청소에는 물걸레와 마른걸레 모두가 유용하다!

용어 해설

결함

재료가 가지는 결함은 점결함(0차원), 선결함(1차원), 면결함(2차원), 부피결함(3차원) 등으로 구분한다. 점결함에는 원자가 제자리에서 빠져버린 공공vacancy, 다른 원소의 자리에 대신 들어간 치환형 결함substitution, 원자가 자리할 수 없는 곳에 비집고 들어간 침입형 결함interstitial 등이 있다. 선결함에는 결정면이 여분으로 끼어들어가는 전위dislocation가 대표적이다. 면결함에는 **결정입계**(8장 용어 해설 참조)가 있다. 부피결함으로는 불순물impurity이나 제2상second phase이 있다.

분극률

재료에 전기장을 가하면 전하의 재배열이 일어난다. 그 결과로 양전하와 음전하의 중심이 일치하지 못하고 어긋난다. 이를 분극이라고 한다. 그림 6-7에 대표적인 분극 기구를 나타내었다. 전기장에 가장 빠르게 반응하는 분극 기구는 전자 분극이다. 원자 내의 전자가 외부 전기장에 의해 원자핵의 중심에서 벗어난다. 이온 분극은 양이온과 음이온의 어긋남이고, 쌍극자 분극은 무질서하게 배열된 영구 쌍극자가 전기장의 방향으로 회전해 배열되는 것이

그림 6-6 점결함과 선결함의 모형

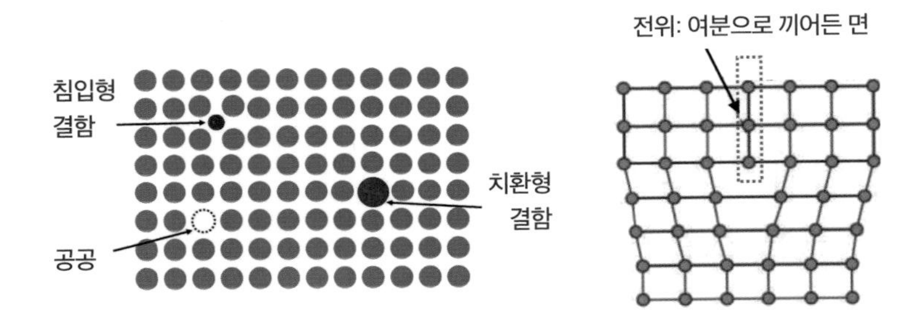

그림 6-7 분극의 종류

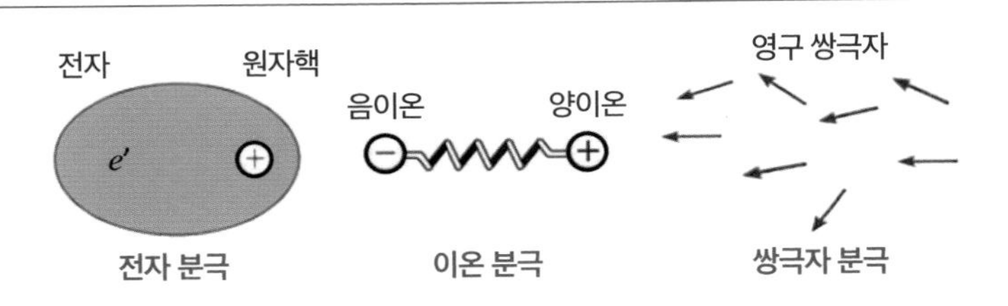

다. 분극의 크기는 당연히 외부 전기장의 크기에 비례하고, 그 비례상수가 분극률 α이다. 즉, **p** = α**E**이다. 여기서 **p**는 전기 쌍극자 능률dipole moment, **E**는 전기장이다.

분극은 가해준 전기장의 진동수에 의존한다. 쌍극자 분극은 진동수가 높아짐에 따라 미처 회전하지 못해 가장 낮은 진동수에서 사라지고, 가벼운 전자가 관여하는 전자 분극은 가장 높은 진동수(자외선 영역)에서도 살아남는다. 각 분극은 전기장에 상응해 방향을 바꾸어야 하므로 특정 진동수에서 에너지 흡수가 최대가 된다(즉, 입력한 전기장의 손실이 최대가 된다). 이런 이유로 물 분자가 가진 쌍극자 분극은 마이크로파에 반응해 격렬히 운동하고, 차를 데울 수 있게 된다.

유전율

위에서 설명한 분극은 이온이나 전자와 같은 미시적 세계에서 일어나는 현상이다. 각 분극 기구에서 분극률을 이론적으로 계산할 수 있으나, 원자 하나가 가진 전자 분극 또는 이온쌍 하나의 분극을 측정할 방법은 없다. 따라서 우리가 측정한 분극은 재료 내의 모든 분극을 합한 값이고, 거시적인 물질의 분극이 유전율인 셈이다.

그림 6-8에 나타냈듯이 물질의 분극을 측정하고자 할 때 필연적으로 재료에 전극을 부착해야 한다. 그런데 전극 사이에 물질이 없다고 해도 전극에 걸린 전기장에 의해 분극이 측정되는데, 이를 진공의 유전율이라고 한다. 그 값은 $\varepsilon_0 = 8.854 \times 10^{-12}\ \mathrm{F \cdot m^{-1}}$으로 매우 작은 값이다. 물질의 절대 유전율도 매우 작아서 이를 다루는 데 불편하다. 따라서 '진공의 유전율에 대비해 물질의 유전율이 몇 배 크다'라는 상대값을 사용한다면 매우 직관적인 정보를 제공하게 된다. ε_r을 상대 유전율relative permittivity이라고 하고, 단위가 없다.

그림 6-8　진공과 물질의 유전율 측정

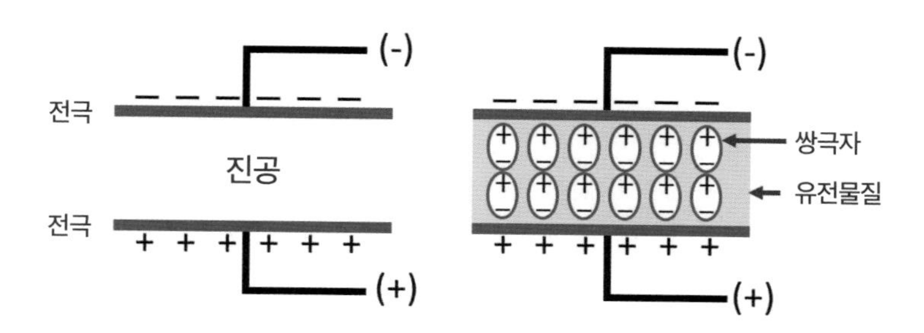

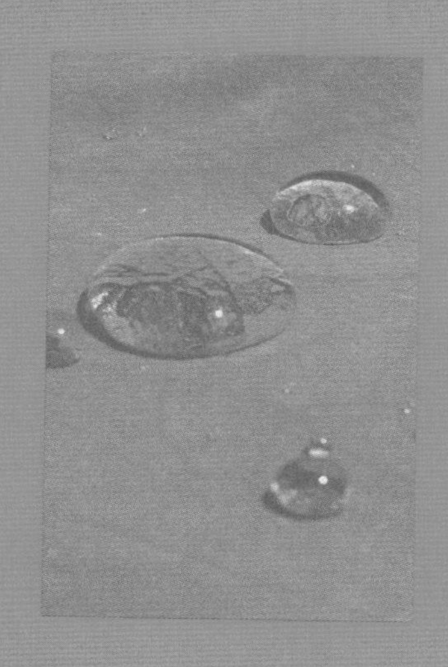

MATERIALS
SCIENCE

제 7 장 소총수의 고뇌

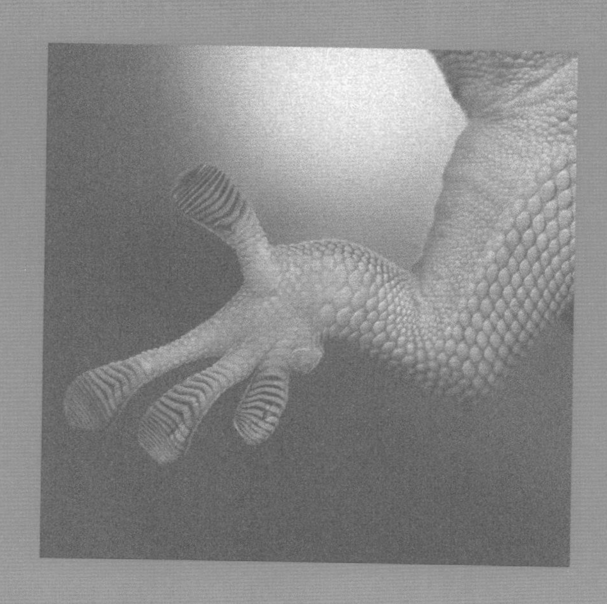

화약

적군이 앞에서 시커멓게 몰려오고 있다. 시간이 없다. 소총에 꾸역꾸역 화약을 장전해 보지만 이때의 단 몇 초가 몇 년처럼 느껴진다. 아예 소총수와 화약을 장전하는 병사가 따로따로 업무를 나누어 가진다. 맨 앞 열에서 총을 발사하면 뒤에서 장전한 총과 바꾸어 다시금 사격을 개시한다. 어느 정도는 시름을 덜었다. 그렇지만 상대방도 똑같은 재주를 부린다. 서로 총알이 떨어지면 이제부터 백병전이다. 어릴 적에 본 어느 영화의 한 장면이다. 결과는… 글쎄, 아마도 주인공이 속한 부대가 이기지 않았을까.

흔히 인류의 3대 발명품을 종이, 나침반, 화약이라고 한다. 또는 화폐, 불, 수레바퀴를 3대 발명품으로 드는 이도 있다. 사실 어느 것 하나라도 인류의 발전에 기여도가 떨어진다고는 말하지 못하겠다. 여기서는 화약에 주목해 보자. 화약의 도움으로 인간은 지형을 원하는 대로 바꾸거나 터널을 뚫음으로써 다른 동물보다 신체의 능력치를 훨씬 뛰어넘는 능력을 발휘해 거대

사진 7-1 소총 부대의 사격을 재연하는 모습

한 구조물을 건설할 수 있었다. 이보다 더 중요한 용도는 무기의 개발에 있다. 인류의 역사가 전쟁에 의해 좌우된 적이 많았기 때문이다. 화약을 사용한 총포의 개발은 칼과 창 같은 단순한 도구에 불과한 무기 또는 활이나 투척기처럼 약간의 물리 원리를 적용한 무기와 비견이 불가능한 정도의 성능을 보장했다. 무기 체계에서 일종의 혁명 또는 **양자뜀**quantum leap이 이루어진 셈이다. 화약이 인간사에 미친 영향은 무기 개발 이상의 것이다. 고성능의 신무기 기술이 급속도로 발전하기 시작하면서 자본과 기술을 집약시키지 못한 나라는 경쟁에서 도태되었다. 화학, 물리학, 금속공학 등의 학문이 융합되어 군사 혁명이 일어났고, 이는 전쟁을 효율적으로 운용하기에 최적화된 중앙집권 정부가 탄생하는 계기가 되었다.[1)]

초기의 화약을 '흑색 화약'이라고 한다. 초석(성분은 질산칼륨), 숯, 황 등을 혼합해 제조한다. 작은 불꽃에도 점화되지만, 비가 오거나 습한 날에는 무용지물이 되고 만다. 연소 효율이 좋지 않고 불순물이 많아서 과도한 찌꺼기와 연기를 남긴다. 위의 사진 7-1에서 보듯이 '나 여기 있소'라고 외치는 듯한 연기 말이다. 찌꺼기는 총열이나 대포 안을 잠식해 내부가 좁아진다. 초기 화약은 총포에 사용하기에는 단점이 많은 셈이다. 이런 단점을 개선한 무연 화약이 나타나기에는 수백 년이 필요했다. 총의 원형은 화약과 탄을 총구 앞에서 장입하고 불이 붙은 노끈(화승)을 입구에 대서 발사시키는 구조였다. 탄이 발사되는 총구에 눈을 대고 일련의 작업을 해야 하니 얼마나 위험했을까. 그래도 적군에 의해 죽는 것보다는 나으리라. 개량을 거듭하다가 점화를 유도하는 부품인 용두와 방아쇠를 부착해 손가락의 움직임만으로 발사가 가능한 화승총flintlock이 개발되었다. 이후 정밀 가공 기술의 발달로 탄피 안에 탄과 화약을 함께 넣은 총탄(실탄)이 발명되고, 연속 사격이 가능한 6연발 리볼버가 등장한다. 총탄을 총의 내부에 장착하는 방식이 아니라 외부에서 공급함으로써 수백 발의 연사가 가능한 기관총이 나타났다.

사진 7-2 화승총

청동에서 철기로

화약은 소총에만 사용되는 것이 아니다. 중세의 전쟁은 성곽을 중심으로 한 공성전이 주류였기 때문에 대포는 무엇보다도 중요한 무기였다. 특히 유

사진 7-3 성벽 위에 설치된 청동 대포

럽 열강들이 해외 식민지를 건설하면서 막강한 해상 전력이 필요했는데, 군함의 크기, 속도와 함께 갑판에 장착된 함포가 전력의 우위를 가름했다. 유럽은 대포와 범선 제조기술에 앞서나가면서 아랍 지역과의 열세를 뒤집을 수 있었다.

초기의 대포는 **청동**bronze으로 제조했는데, 가톨릭 성당에 필요한 청동제 종 제조기술자가 다수 활동했기 때문이다. 청동은 구리와 주석의 **합금**alloy이다. 구리는 6000여 년 전 인간에게 알려진 이후 최고의 금속 위치를 차지하고 있다. 그 이유는 뛰어난 **전기 전도도**electric conductivity와 **연성**ductility을 가지고, 황금을 제외하면 유일한 유색 금속이기 때문이다. 전기 전도성과 연성은 가늘고 긴 전선의 제조에 필수적으로 요구되는 특성이다. 전선은 전력 송신과 정보 전달을 담당해 산업화 시대를 이끈 주요 부품이다. 붉은색을 띠는 구리는 중세 성당의 지붕재와 장식재로 활용되었다.*

---

* 금과 구리를 제외한 금속은 은회색이고, 이를 금속성 색상이라고 통칭한다.

주석은 구리만큼 매장량이 풍부하지 않지만 구리 광석에 함유되어 있는 경우가 많아 자연스럽게 청동의 제조로 이어졌다. 구리와 주석 금속을 각기 정련한 후 적절한 비율로 합금화해 기계적 성질이 우수한 청동을 주조하는 방법이 알려지면서 광맥을 찾기 위한 노력이 시작되었다.

사진 7-4 구리 조형물(서울과학기술대학교 소재)

표면이 산화되어 있다.

그런데 청동은 원료가 비싸고 기대수명이 짧다는 단점이 있다. 공성전이나 해전에는 대구경의 대포가 유용한데, 대형화할수록 제조 비용은 기하급수적으로 늘어났다. 따라서 비교적 저렴한 철*을 원료로 사용한 대포의 제조는 필연이었다. **제철 공정**에 대한 이해가 미비하던 시기에 철제 대포의 제조는 쉽지 않았다. **주철**cast iron을 사용한 대포는 청동제보다는 저렴했지만 강도가 떨어져 더 두껍게 만들어야만 했다. 무거운 대포는 전함의 기동성을 저하시켰다. 그럼에도 불구하고 꾸준한 제철 기술의 발전에 힘입어 17세기 이후에는 주철 대포가 주류를 이룬다.[2] 물론 현대에는 주철이 아닌 **강**steel을 사용하므로 포의 성능은 과거의 것과 비교할 바 없이 뛰어나다. 재료의 혁신은 그 파급 효과를 가늠하기 어려울 정도로 깊고도 넓다.

---

* 지각에는 철을 함유한 광물이 풍부하게 존재한다.

폭탄먼지벌레

인간은 수백 년에 걸쳐서 총과 대포를 발전시켜왔다. 그런데 초당 500번 화학 물질을 발사해 적을 물리치는 곤충이 있다면 믿기는가. 현대의 기관총도 이룰 수 없는 속도다. 길이가 2센티미터도 안 되는 딱정벌레가 그 주인공인데, 이름은 폭탄먼지벌레bombardier beetle다.* 화승총을 개량한 머스킷을 다루는 소총수를 묘사한 글을 보자.

'종이 탄약포를 꺼내서 이로 끝부분을 찢어 접시에 붓는다. 점화약을 제자리에 넣고 화약 접시 덮개를 닫은 다음, 총구가 위쪽으로 향하도록 머스킷을 세우고 탄약포에 남은 화약과 총알을 총구에 넣는다. 총열 아래쪽에 있는 관에서 꽂을대를 꺼낸 후 총구 안으로 밀어 넣어 화약과 총알을 총열 끝까지 단단히 다져 넣는다. 오른쪽 어깨에 머스킷을 대고 공이치기를 끝까지 당기면 발사 준비가 끝난다.'[1)]

숙련된 소총수라고 해도 분당 3회가 고작이다. 꽂을대의 이동 방법이나 화약을 흘리는 방법 등을 개선해 분당 5회까지 발사 속도를 늘렸다. 그러나 이는 어디까지나 훈련 상황에서 얻은 기록이다. 탄환이 빗발치는 전장에서 이러한 능력을 발휘하기는 어려웠고, 바로 소총수의 비애가 느껴지는 대목이다. 일개 미물로 보이는 딱정벌레로부터 배워야 하는 지경이다.

일반적으로 딱정벌레가 포식자를 마주쳤을 때 취하는 방어 행동 중 가

---

* 영어 이름을 직역해 폭격수 딱정벌레라고도 부른다.

장 빈번한 행태는 날개를 퍼덕이며 잽싸게 날아가거나, 몸무게에 비해 강력한 다리 근육으로 높이 뛰어올라 도망가는 것이다. 또는 다리와 몸뚱어리를 오므려서 죽은 척하는 의사疑死 행동과 마치 죽은 듯 몸을 나무 아래로 내던지는 행위도 있다.[3] 그런데 폭탄먼지벌레는 화학 물질을 유용하게 사용해 마치 고성능 다연발 기관총과 같은 성능을 발휘한다. 사거리는 자신의 몸길이의 10배에 달하고, 개미나 거미와 같은 벌레뿐 아니라 새들도 기겁하게 만든다. 그 이유는 바로 폭탄먼지벌레가 내뿜는 액체가 섭씨 100도 달하는 고온인데다가 독성도 있기 때문이다.

폭탄먼지벌레가 사용하는 원료는 하이드로퀴논과 과산화수소다. 이들 물질은 커다랗고 얇은 근육질 주머니인 저장실reservoir에 보관되어 있다. 저장실은 근육에 연결되어 있어서 압축이 가능하다. 하이드로퀴논과 과산화수소는 서로 섞여 있어도 그대로는 반응을 일으키지 않는다. 화학 반응에 대한 활성화 에너지가 크기 때문이다. 뜨거운 독성 물질을 생성할 수 있는 반응이 가능한 물질을 함께 보관할 수는 없는 노릇이다. 그렇다고 두 종류의 물질을 다른 방에 보관했다가 따로따로 주입하는 방식은 두 개의 밸브를 정밀하게 작동시켜야 하므로 현실성이 떨어진다. 따라서 정상 상태에서는 반응이 일어나지 않는(또는 반응 속도가 매우 느려서 반응이 일어나지 않는 것처럼 보이는) 물질로 보관했다가 이들을 반응이 가능한 물질로 변환시킨 후 뿜어내는 것은 매우 타당한 전략이다.

이제 반응을 촉진시키려면 어떻게 해야 할까? 바로 **촉매**catalyst를 이용하면 된다. 촉매는 활성화 에너지를 낮추어서 반응 속도를 높이는 물질이다. 단, 자신은 반응에 참여하지 않아서 반응 기구reaction mechanism에는 영향을 미치지 않는다. 저장실과 작은 밸브로 연결된 작고 단단한 반응실에는 카탈라아제와 퍼옥시다아제라는 효소가 보관되어 있다. 카탈라아제는 과산화수소를 분해하는 촉매이고, 퍼옥시다아제는 하이드로퀴논을 퀴논으로 바꾸는 촉매다. 여기서 하이드로퀴논은 퀴논의 **전구체**precursor다. 원료가 반응실로 주입되면 효소에 의해 반응이 가능한 물질로 변환되고, 이들은 격렬한 반응을 거쳐 체외로 뚫려 있는 분비공으로 분출된다(상세한 화학 반응은 용어 해설의 **폭탄먼지벌레의 화학 반응**을 참조). 반응실에서 혼합된 물질들의 반응 **엔탈피**enthalpy가 음수이므로, 즉 발열 반응exothermic reaction이 일어나므로 분비물의 온도가 상승한다.

분비물이 초당 500회에 이르는 펄스로 방출되는 원리는 의외로 단순하다. 우리가 입안에 공기를 가득 머금은 후 입술 사이로 강하게 내뿜어보자. 입술이 바르르 떨리면서 '뿌~~~' 하는 소리와 함께 공기가 단속적으로 분출될 것이다. 폭탄먼지벌레가 하는 일은 단지 근육을 사용해 저장실을 압축함으로써 원료를 반응실로 밀어 넣을 뿐이다. 촉매와 만난 원료는 반응이 일어나면서 부피가 팽창하고 온도가 올라가므로 반응실의 압력이 상승한다. 높아진 압력을 못 견디고 생성물은 외부 구멍으로 순식간에 쏟아져 나간다. 분비 후 압력이 낮아진 반응실에 다시 원료가 채워지고, 앞서와 같은 반응이 반복되어 분비물이 발사된다. 즉, 마이크로 폭발이 연속으로 일어나는 셈이다. 폭탄먼지벌레는 저장실과 반응실 사이의 밸브를 능동적으로 여닫는 것이 아니라 압력 차이에 의한 수동적인 움직임으로 제어해 펄스를 발생시킨다.

한 번의 펄스는 평균 11.9밀리초 동안 유지되며, 폭탄먼지벌레는 한 번의

그림 7-1 폭탄먼지벌레가 가진 고온 분비물을 펄스 형태로 발사하는 기관과 각 기능을 묘사한 그림

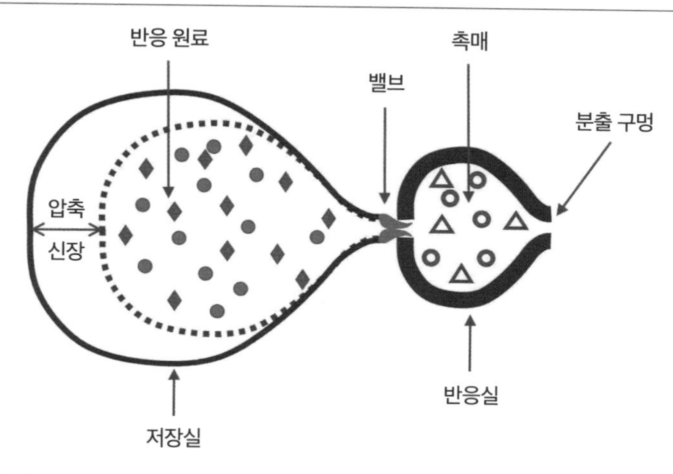

그림에 묘사된 각 부위의 모양은 이해를 돕기 위해 개략적으로 그린 것이다.

공격에 이러한 펄스를 평균 6.7회 발사한다(따라서 화학 공격은 매우 짧은 시간 내에 완결된다).[4] 위험이 제거되지 않았다고 판단되면 20여 회 공격을 감행하지만, 그 후에는 원료가 충전되기까지 기다려야 한다. 흥미롭게도 이러한 폭탄먼지벌레의 공격이 항상 성공한다는 보장은 없다. 일부 두꺼비는 폭탄먼지벌레가 화학전쟁을 일으키기도 전에 혀로 잡아채서 삼켜 버린다.[5] 그 시간이 너무나 짧아서 두꺼비의 배 속에 들어간 이후에야 '펑' 하는 소리가 들린다. '뛰는 놈 위에 나는 놈'이 있는 형국이다.

펄스 형태의 분무가 연속 분무에 비해 가질 수 있는 장점은 분명하다.[4] 첫째, 저장실을 한 번 눌러주기만 하면 자동적으로 펄스가 만들어진다. 연속으로 분무하려면 긴 시간 동안 근육을 써야 하므로 에너지 소모가 크다. 둘째, 저장실과 반응실 사이의 밸브가 열릴 정도의 적은 힘만 사용하면 되

므로 분무의 정확도가 올라간다. 셋째, 펄스와 펄스 사이에 냉각이 이루어져서 효소의 열화를 막아준다. 현대의 기관총은 한 번의 격발로 연사가 가능하다. 방아쇠를 당길 때 일정한 힘 이상만 주면 부드럽게 발사된다. 손가락에 큰 힘이 들어간다면 명중률이 낮아질 터다. 그리고 총신을 냉각하기 위한 공랭 시스템이 중요하다. 수백 발을 쏘고 나면 총열이 부풀어 올라 마모되므로 휴대하던 예비 총열로 교체하기도 한다. 어느 모로 보아도 폭탄먼지벌레는 기관총의 아버지임이 틀림없다.

열역학

총열 안쪽에는 탄환과 꼭 끼는 직경으로 나선형의 강선rifling이 절삭되어 있다. 탄환이 발사되면 탄환은 강선에 의해 무게 중심축을 중심으로 회전하게 되고, 이는 소총의 정확성을 획기적으로 올려준다. 총이란 더 멀리, 더 정확히, 더 큰 파괴력을 목표로 한다. 탄환을 좁은 총열을 고속으로 통과시키면서 원하는 성능을 구현하기에는 많은 요소를 고려해야 한다. 예를 들어, 구경, 탄환의 무게, 화약의 종류 등이 최적화되어야 한다.

화약이 폭발하면서 탄환이 발사되면 총열 내부에는 순간적으로 강압이 상승하는데, 화약에 따라 다른 특성을 보인다. 그림 7-2는 총열의 거리에 따라 강압이 변하는 정도를 보여준다.[6] 각 그래프 아래의 면적은 탄환이 추진되는 에너지를 의미한다. 화약 A는 너무 빠른 시간에 연소가 완료되어 초기에 높은 강압을 발생시킨다. 지나치게 높은 강압은 총열에 부담을 가한다. 화약 C는 탄환이 어느 정도 진행해도 연소가 완료되지 않아서 에너지가

그림 7-2 화약의 성능에 따라 강압이 변하는 양상을 보여주는 데이터

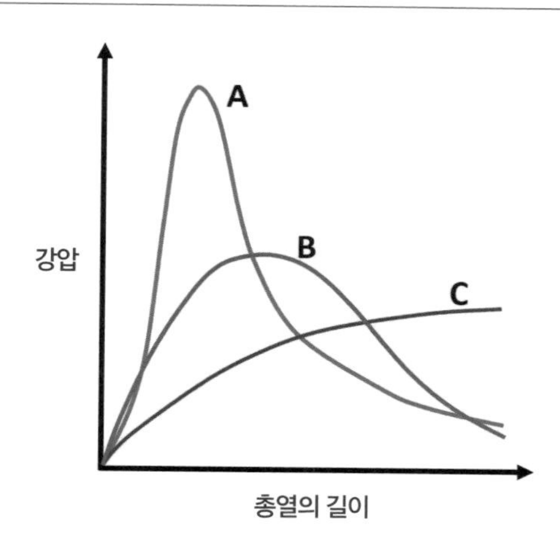

낭비되고 있다. 이에 비해 화약 B는 연소 속도가 적당하고, 탄환이 받는 에너지에 비해 강압이 그리 높지 않아서 총열에 부담이 적다. 동일한 성분의 화약이라도 분말 입자가 작으면 빨리 연소된다. 강선이 있는 라이플은 탄환에 대한 저항이 크므로 연소 속도가 빠른 화약을 장전하면 탄환이 전진하지 못하고 강압이 상승한다. 또한 압력이 높아지면 화약은 빨리 소진된다. 탄환의 저항이 큰 라이플이라면 천천히 연소되는 화약이 적절하다. 결론적으로 탄환과 총기의 규격에 맞추어 화약의 연소 특성을 조절해야 한다. 이를 위해서는 화약이라는 물질의 열에너지 특성에 대한 이해가 요구되고, 이는 바로 **열역학**thermodynamics이라는 학문이 필요한 이유다.

폭탄먼지벌레는 열역학 원리를 제대로 이용하고 있다. 발열 반응에 의해 반응실 내의 온도가 상승하면 압력이 높아져서 순간적으로 분출될 수 있는 조건이 만들어진다. 물이 기화되면 수증기는 약 1600배로 팽창하는데,

반응실 벽이 두꺼워서 부피가 고정되므로 결국 반응실의 압력이 급격히 증가한다. 폭탄먼지벌레가 가진 일련의 반응 기관은 고효율 내연기관의 기능과 흡사하다. 통상의 내연기관은 미립화된 연료를 노즐로 분사해 실린더에서 연소시키는데, 균일하고 작은 크기의 미립 액적으로 분사해야 고효율의 엔진을 제조할 수 있다. 그런데 연료의 미립화는 고압이 필요하다. 폭탄먼지벌레는 내연기관보다 훨씬 낮은 압력에서 반응을 일으켜서 펄스 형태로 분비하므로 우리의 내연기관이 모방해야 할 지점이 존재한다.[7)]

과학하는 자세: 호기심 천국

과학자들은 어떻게 폭탄먼지벌레의 분비물이 펄스 형태임을 알아냈을까? 분비물이 발사될 때는 단지 '펑' 하는 소리로밖에 들리지 않는다. 그리고 분비물도 순식간에 뿌려지므로 그것이 펄스임을 알아챌 방도가 없다. 분비물의 화학 성분을 분석해 그것이 다른 생물에게 미치는 영향을 연구하는 정도에서 그쳤다면 알 수 없었을 터다. 그러나 과학자라는 집단은 그리 단순하지 않다. 소리가 귀에 들린 이상 성문聲紋, voiceprint 분석을 마치기 전에는 호기심을 해소할 재간이 없다. 과학자들은 그야말로 '호기심 천국'에서 살고 있다. 혹은 그런 자세로 살아야 과학자일지도 모른다.

과정은 이렇다(첨단 디지털 기기가 발달하기 전인 1960년대임을 감안하자). 오디오 테이프에 분비물이 발사될 때 나는 소리를 녹음한다. 이를 천천히 재생해본다. 음파의 스펙트럼이 불연속 선으로 이루어져 있음을 발견한다. 이 대목에서 불연속적 소리는 분비물이 발사되는 것과 연관되어 있다는 강한 의심이 든다. 그러나 직접적인 증거를 아직 손에 넣지 못했다. 분비물의 발사 주기와 소리의 패턴이 일치함을 보여야 한다. 궁리 끝에 분비물을 압전체에 쏜다. 액적이 가해주는 압력 변화에 의해 압전체에는 전기 신호가 잡힐 것이다. 결과는 대성공이다. 음파와 전기장은 동일한 주기로 기록되었다.[8] 그 후 영상 기술이 발전해 초당 4,000프레임으로 찍은 일련의 사진에는 펄스로 내뿜는 액체가 선명하게 나타났다.[4] 역시 '백문이 불여일견'이다.

폭탄먼지벌레는 의외의 곳에서 과학에 대한 '도전과 응전'을 일으킨 장본인이다. 1960년대 창조론자들은 폭탄먼지벌레의 방어기제가 너무도 정교하고 복잡하기 때문에 진화로는 설명이 불가능하다며 폭탄먼지벌레야 말로 창조론을 입증하는 생물이라고 주장했다. 당시보다 백여 년 전 다윈의 진화론이 어렵게 세상에 등장한 후 다시금 부정당하는 일이 벌어졌다. 그러나 폭탄먼지벌레의 분비 시스템의 형성 과정은 단계별 진화로 얼마든지 설명할 수 있다.[9] 창조론자들은 이러한 과학을 자세히 들여다볼 생각을 않고 사실을 왜곡하면서까지 아전인수격으로 해석했다.

과학의 사전적 정의는 다음과 같다.

'과학은 증거에 기초한 체계적인 방법론에 따라 자연과 사회에 대한 지식과 이해를 추구하고 적용하는 것이다. 그 방법으로서 객관적인 관찰과 측정을 통해 증거를 수집한다. 가설 검증을 위해 실험을 수행하고, 이를 되풀이해 재현이 가능함을 밝힌다.'

'창조 과학'이라고 자칭하는 부류는 과학이 아니다. 검증할 수 없기 때문이다. 과학자는 아는 것보다는 모르는 것이 훨씬 많다고 인정하며, 현재 우리가 알고 있는 지식을 극복하는 새로운 사실이 등장하면 언제든지 지위를 양도할 준비가 되어 있다. 오히려 기존의 이론을 뒤엎기 위해 모든 노력을 경주하고 있는지도 모른다. 물론 자신의 명예가 손상되는 것이 두려워서 새로운 이론을 받아들이지 않거나 탄압한 명망 높은 과학자들이 없지는 않다. 그러나 이들은 과학의 본질에서 벗어난 예외로 보아야 한다. 그리도 부지런해 보이는 개미나 꿀벌 집단에도 농땡이 부리는 개체가 있지 않은가.

모르는 것은 모르는 것이다. 알고 있는 것도 여전히 불완전함을 인정한다. 종교도 인간이 영성의 세계를 모르기 때문에 존재하는 것이 아닐까. 과학과 종교는 모르는 대상이 다를 뿐이다. 사실 '도전과 응전'이라는 표현에는 무리가 따른다. 각 영역의 차원이 다르기 때문이다. 진화론을 부정한다고 해서 저절로 영성이 깊어지지는 않을 터다. 고귀하고 성스러운 영의 세계를 물질의 세계로 끌어내리는 우를 범했다.

"가이사의 것은 가이사에게, 하나님의 것은 하나님께" (마 22:21)

용어 해설

강

현재 사용되는 금속 재료의 90% 이상이 철 합금이다. 하중을 지지하거나 동력을 전달하는 대부분의 구조물로 사용한다. 철 합금은 탄소 함량에 의해 구분한다. 우리가 흔히 강철이라고 부르는 강은 0.05~2.0%의 탄소를 함유한다. 탄소 이외의 합금 원소에 의해서도 구분되는데, 탄소 외 전체 원소의 첨가량 5%를 기준으로 저합금강과 고합금강으로 분류한다. 사용되는 대부분의 철 합금은 저합금강이다. 합금에 필요한 원소가 다량으로 필요하지 않고, 충분히 연해서 성형이 쉽기 때문이다. 합금에 필요한 원소가 고가이기 때문에 고합금강의 제조에는 합당한 이유가 있어야 한다. 부식에 대한 저항성이 우수한 스텐레스강은 적어도 4% 이상, 통상 10% 이상의 (고가의) 크롬을 첨가한다.

사진 7-5　에펠탑을 지탱하는 강구조

양자뜀

양자역학에 의하면 에너지 물리량은 불연속이다. 양자역학은 전자와 같이 매우 작은 미시 세계의 상태를 잘 설명할 수 있다. 우리가 접하는 거시 세계도 불연속이지만 그 에너지 간격이 매우 작아서 느끼지 못할 뿐이다. 어느 한 상태에서 다른 상태로 전이하기 위해서는 중간값을 가지지 않고도 도약이 가능하다. 원래의 상태가 사라짐과 동시에 새로운 상태가 출현하고, 이를 양자뜀quantum jump이라고 한다. 이와 유사한 의미로 정치, 사회의 이슈에 대해서도 양자뜀이라는 용어를 사용한다. 이때의 영어 단어는 quantum leap이다. 예를 들어, 제9대 UN 사무총장 안토니우 구테흐스António Guterres는 지구 온난화를 억제하기 위해 모든 국가에 '양자뜀'이 필요하다며, 모든 부문에서 기후 변화 노력을 크게 가속화할 것을 촉구한 바 있다.

엔탈피

열역학에서 다루는 에너지에는 네 종류가 있다: 내부 에너지, 엔탈피, 깁스 자유 에너지, 헬름홀츠 자유 에너지. 내부 에너지는 물질 자체가 가지는 에너지다. 미시적으로 볼 때 물질을 구성하는 분자나 원자는 여러 형태의 운동을 하고 있고, 이 운동으로 인해 물질은 내부 에너지를 가진다. 운동의 종류에는 첫째, 원자나 분자의 운동 에너지, 둘째, 원자와 분자 간에 미치는 힘으로 인한 위치 에너지, 셋째, 전자나 원자핵에 포함된 각종 미립자 등과 같은 물질의 구성 요소가 보유한 자체 에너지 등이 있다. 외부로부터 여러 가지 형태의 에너지가 물질에 전달되어 그 물질이 지닌 내부 에너지를 증가시키는데, 가장 영향이 큰 것은 열이다. 열이 전달된 후 열은 위의 세 가지 형태로 저장되며, 이를 통틀어 내부 에너지라고 부른다.

열역학적 개념은 자연현상을 설명하기 위한 도구로 출발했기 때문에 만일 어떤 개념이 어떤 현상에 대해 설명하기 불편하다면 다른 형태의 개념을 고안하기 마련이다. 내부 에너지는 측정하기가 어렵고, 엔트로피와 부피를 변수로 삼기 때문에 다루기가 어렵다. 무엇보다도 내연기관이 발명된 이래 열 에너지를 기계 에너지로 변환시킬 수 있는 능력에 주목하게 되었는데, 물질 자체가 보유하고 있는 에너지와 그 물질이 일을 수행할 수 있는 능력(즉, 기계적 에너지)의 합을 하나의 통합된 개념으로 정립할 필요가 있었다. 이것이 엔탈피다. 물질의 내부 에너지와 기계적 에너지가 함께 변화할 때 엔탈피가 변화한다고 한다.

연성

연성은 재료가 인장 응력에 의해 파괴되기 전에 소성 변형을 견딜 수 있는 정도를 의미한다. 구리와 금, 백금이 대표적으로 연성이 높은 금속이다. 모든 금속이 연성을 가지는 것은 아니며, 주철은 취성brittleness 파괴를 일으킨다. 연성과 유사한 개념으로 압축 응력 하에서 파괴 없이 소성 변형되는 능력을 가단성malleability이라고 한다.

그림 7-3의 A는 연성이 없이 탄성elasticity 변형만 일어나서 종국에는 취성 파괴되는 재료다. 탄성 변형 중에 응력을 제거하면 시편은 원

그림 7-3 몇 가지 재료의 응력 대 변형 그래프

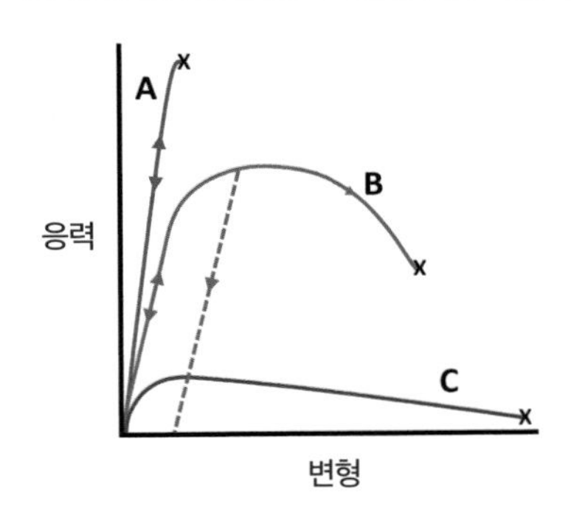

래의 크기로 되돌아간다. 그림에서 양방향 화살표로 표시된 직선이 탄성 구간이다. B는 응력이 탄성 변형 구간을 넘어서서 가해질 때 나타나는 연성을 보여준다. 탄성 구간을 넘어섰기 때문에 응력을 제거하면 시편은 일정한 정도로 늘어나고 원래 크기로 돌아오지 않으며, 이를 소성plasticity이라고 한다. C는 B와 마찬가지로 연성을 보이지만 견딜 수 있는 응력이 작아서 기계적 강도가 낮다.

일반적으로 금속이 연성을 나타내는 이유는 금속 원자들의 결합 방식에 기인한다. 금속 결합은 원자가 이온화되어 생성된 (-) 전하의 자유전자가 (+) 전하인 양이온과 정전기적 인력을 일으킨 결과다. 이온은 격자 자리에 고정되어 있지만 전자는 자유로이 움직일 수 있어서 어느 정도의 변형이 일어나도 결합이 끊어지지 않는다.

열역학

19세기 산업 혁명 이후 인류는 자신의 노동력이나 가축의 힘을 빌려서 경작하던 농업을 기

계의 힘으로 대치할 수 있게 되었다. 또한 교통 수단의 비약적인 발전에 힘입어 경제활동의 영역을 대폭 늘릴 수 있었다. 열역학이란 바로 이러한 산업혁명기에 태동한 이래 지금까지도 과학의 중요한 근간을 이루는 학문이다. 과학자와 기술자들은 더 효율적인 열기관의 설계와 제작을 목표로 삼아 열역학을 정립시켰는데, 나무나 석탄과 같은 원료에서 이끌어낼 수 있는 최대의 기계적 에너지 변환 효율이 주 관심사였다.

열역학은 에너지가 어떻게 변환되며 어떠한 방향으로 흐르는지를 알려준다. 혁명이라고 명명할 만큼 광범위하고 충격이 큰 급변기를 오래전에 마치고 현재 4차혁명이라는 새로운 패러다임의 시기가 도래했음에도 불구하고 열역학은 여전히 우리가 누리는 산업의 밑바탕을 지탱하고 있다고 할 수 있다. 기계공학이나 화학공학 분야에서는 주로 기체의 열효율을 다루며, 재료공학에서는 고체와 같은 응집상condensed phase을 대상으로 한다.

전구체

화학 반응에 참여해 다른 화합물로 변환되는 초기 물질을 의미한다.

전기 전도도

전류란 단위 시간당 흐르는 전하의 양이다. 전하의 종류는 금속의 경우는 전자, 세라믹과 같은 일부 화합물에서는 이온이다. 재료에 전기장을 걸면 전하가 이동하면서 전류가 흐르게 된다. 이러한 전하의 움직임을 표류drift라고 한다. 전기장에 의해 가속된 전하는 표류 도중에 원자나 이온과 충돌해 속도가 0으로 떨어졌다가 다시 가속됨을 반복하는데, 이것이 저항의 원인이다. 저항값을 시편의 형상과 관계없는 물질 고유의 값으로 변환한 것을 비저항resistivity이라고 한다. 전기 전도도는 전하가 잘 흐르는 정도를 표시하며, 비저항의 역수다.

제철 공정

대부분의 금속은 전자를 제공하는 능력을 갖고 있다. 따라서 금속은 산소, 황과 같이 전자를 선호하는 비금속과 결합되기 쉬워서 지각 내에서 대부분 화합물 상태로 존재한다. 금속을 이용하기 위해 광석으로부터 금속을 회수하는 공정을 야금metallurgy이라고 한다. 야금은 고온에서 녹이는 건식 야금법pyrometallurgy과 수용액을 사용하는 습식 야금법hydrometallurgy으로 구분된다.

용광로blast furnace에서 광석을 녹인 후 철광석으로부터 비금속 원소를 제거하기 위해 코크스(탄소)를 투입한다. 철의 산화 속도는 고온에서 급격히 증가하므로 제련은 저산소 환경에서 이루어지는 것이 중요하다. 용광로에서 직접 얻은 철을 선철pig iron이라고 하는데, 많은 불순물이 포함되어 있다. 일반적으로 선철은 탄소량이 5% 내외로 높아서 부서지기 쉽고(즉, 취성이 크고), 제한된 용도를 제외하고는 재료로 유용하

사진 7-6 용광로에서 선철을 뽑는 모습

지 않다. 철의 특성은 탄소 함량에 따라서 크게 좌우되므로, 제철 공정의 주된 목적은 탄소 함량을 제어하는 데에 있다.

주철

주철은 2% 이상의 탄소와 약 1~3%의 실리콘을 함유한 철 합금의 일종이다. 주철은 용융된 금속을 주형틀에 부어서 최종 형상으로 제조되는데, 이 공정을 주조casting라고 한다. 주철은 녹는점이 낮으며, 매우 단단하지만 부서지기 쉽다. 액상의 점도가 낮아서 주조하기에 유리하고, 변형 저항성, 내마모성 등이 우수하다. 산화에 대한 저항성이 높지만 용접이 매우 어렵다. 주철은 열등한 기계적 특성을 가지지만 성형성이 뛰어나서 그 단점을 보완한다. 주철은 각종 기계 부품, 파이프, 자동차 산업 부품(헤드, 실린더 블록, 기어박스 케이스) 등과 같은 엔지니어링 재료로 광범위하게 사용된다.

청동

청동은 구리가 주요 성분인 합금으로, 약 12~12.5%의 주석과 함께 알루미늄, 망간, 니켈, 아연, 비소, 실리콘 등과 같은 미량의 원소를 포함한다. 이들을 첨가해 강도, 연성, 기계적 가공성 등의 특성을 향상시키거나 조절한다. 초기의 청동은 구리에 비소를 첨가해 만든 비소 청동인데, 비소는 독성을 갖고 있다. 비소 대신 주석을 첨가한 주석 청동은 합금 공정을 더 쉽게 제어할 수 있고, 더 강한 합금이 제조되어 비소 청동을 대체했다. 비소와 달리 금속 주석의 정제 과정에서 발생하는 연기는 독성이 없다. 주석은 구리보다 훨씬 희귀한 원소이어서 주석 무역은 그 시대의 문화 발전에 중요한 요소였다.

사진 7-7 청동상

청동의 소비가 증가함에 따라 주석의 공급이 제한되고 가격이 인상되었다. 또한 철의 제련과 가공 기술이 향상됨에 따라 철은 더 저렴해지고 품질도 향상되었다. 이런 이유로 철의 시대가 자연스럽게 도래했다.

촉매

촉매는 반응에서 자신은 소모되지 않으면서 반

그림 7-4 촉매에 의해 활성화 에너지가 낮아진다.

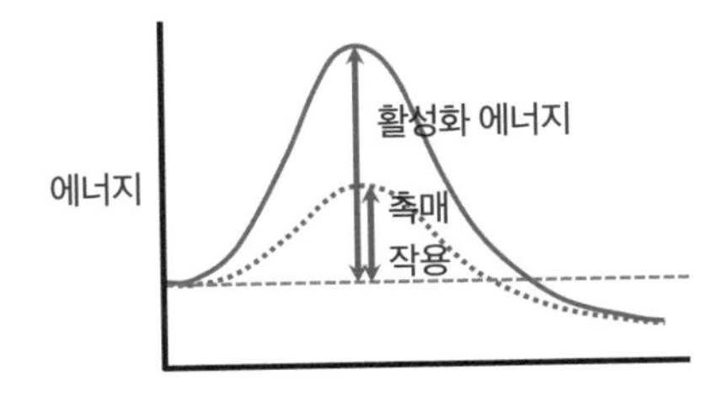

응 속도를 증가시키는 물질을 가리킨다. 촉매는 낮은 활성화 에너지를 가진 새로운 반응 경로를 제시한다. 반응 속도는 원자나 분자들이 충돌하는 횟수에 비례해 증가한다. 촉매를 사용하면 주어진 온도에서 반응 물질들이 효과적으로 충돌하는 비율이 증가해 반응 속도가 빨라지게 된다. 반응물과 촉매가 같은 상이면 균일 촉매, 서로 다른 상이라면 불균일 촉매라고 한다. 대부분의 화학 물질은 고체 촉매의 도움을 받아 제조되는데, 이는 불균일 촉매에 속한다.

폭탄먼지벌레의 화학 반응

카탈라아제가 과산화수소를 분해하는 반응은 다음과 같다.

$$H_2O_2(aq) \rightarrow H_2O(l) + \frac{1}{2}O_2(g)$$

퍼옥시다아제는 다음과 같이 하이드로퀴논을 퀴논으로 산화시킨다.

$$\text{hydroquinone}(aq) \rightarrow \text{quinone}(aq) + H_2(g)$$

그리고 부산물인 산소와 수소는 물을 생성한다.

$$\frac{1}{2}O_2(g) + H_2(g) \rightarrow H_2O(l)$$

이들이 관여한 총 반응식은 다음과 같다.

$$\text{hydroquinone}(aq) + H_2O_2(aq) \rightarrow \text{quinone}(aq) + 2H_2O(l)$$

이 반응 전후의 엔탈피 변화량은 -48.5kcal/mole이다. 즉, 1몰의 하이드로퀴논이 반응해 48.5kcal의 열량을 방출한다.

합금

합금은 구성 성분 중 하나 이상이 금속인 원소의 혼합물을 말한다. 전기 전도성, 연성 등 금속의 모든 특성을 공유하면서 순수 금속과 다른 (우수한) 특성을 얻고자 할 때 제조한다. 합금은 일반적으로 합금을 형성하는 원자 배열에 따라 치환형substitutional 합금과 격자간interstitial 합금으로 분류한다. 치환형 합금은 각 원소가 원자가 자리할 수 있는 자리에 들어가는 것이다. B라는 원소가 A 원소가 있던 자리에 대신해 들어간다. 격자간 합금은 원래 원자가 자리할 수 없는 틈새에 비집고 들어가는 형태인데, 합금

그림 7-5 합금을 이루는 두 가지 방법

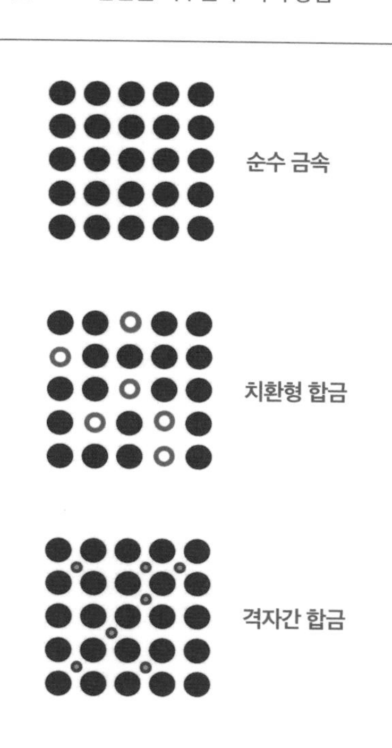

을 형성할 수 있는 금속 원자의 크기에 제약이 있다. 합금은 시편 전체가 동일한 조성을 갖는 단일상으로, 또는 두 개 이상의 조성이 다른 결정으로 구성된 미세구조로 제조할 수 있다.

앞에서 설명한 청동은 대표적인 합금의 일종이다. 우리의 전통 금속 그릇인 유기 역시 구리를 기반으로 한 합금이다. 구리와 아연을 합금하면 황동黃銅유기라 하며, 노르스름하고 은은한 광택이 난다. 구리에 니켈을 합금한 것은 백동白銅유기라 하며 흰 빛을 띤다. 구리와 주석을 섞은 청동은 향동響銅유기라고 한다. 일반적으로 주석 비율이 10%를 넘기는 구리합금은 그릇으로서 내구성이 떨어진다. 그런데 용융물을 부어낸 놋쇠 덩어리를 여러 번 망치질을 해서 그릇 형태로 만든 방짜유기는 구리 78%, 주석 22%인데도 불구하고 뛰어난 내구성을 갖고 있다. 첨단 금속공학이 발전하기 이전에 합금의 한계치를 넘어선 제품을 만들어낸 선조의 기술력에 감탄을 금치 못한다.

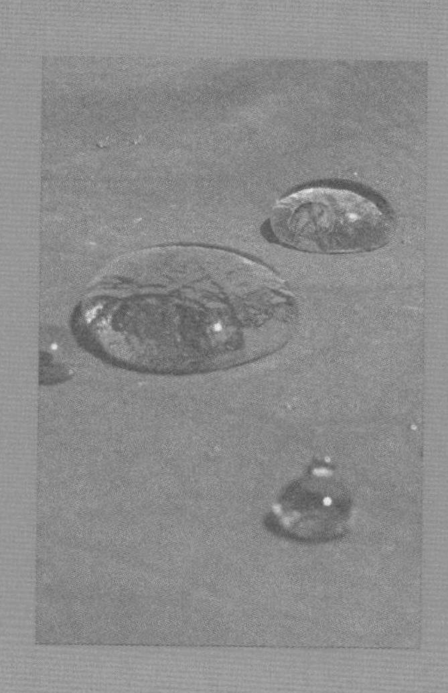

MATERIALS
SCIENCE

제 8 장 투명 털옷

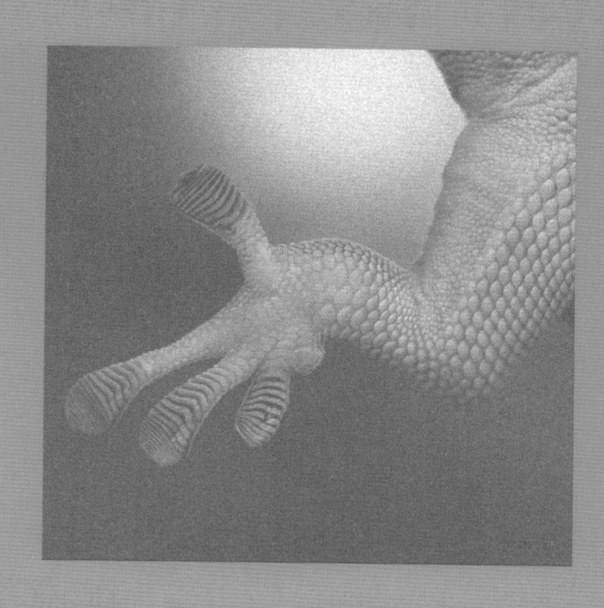

처칠: 북극곰의 수도

캐나다 매니토바주의 북단에 있는 처칠의 면적은 약 50제곱킬로미터이니 우리나라의 목포시와 비슷하다. 그런데 인구는 2021년 현재 870명이어서 목포시의 0.4퍼센트에 불과하다. 이 땅의 최고 해발고도는 29미터로 해수면

그림 8-1 캐나다 매니토바주 북단 지도

사진 8-1 캐나다 매니토바주 처칠

에 붙어 있다시피 하다. 얼어붙은 허드슨만을 가로질러 북에서 불어오는 북극 제트기류의 영향으로 1년 중 6개월이 영하의 날씨다. 1월의 평균 기온은 -26.0°C이고, 7월에도 12.7°C에 불과하다. 7월과 8월을 제외하면 한 달에 하루 이상은 눈이 내려서 1년 중 90일 이상 내린 눈은 2미터나 넘게 쌓인다.[1)]한마디로 사람이 살기에는 너무나도 혹독한 환경이다.

그런 이곳에 사람들이, 정확히는 관광객이 몰려오는 시기가 있다. 그것도 주민의 스무 배가 넘는 사람들이.[2)] 캐나다 위니펙(매니토바주의 주도)에서 출발한 특급열차는 이름에 걸맞지 않게 3일이나 달려서 처칠에 도착한다. 그 이유는 툰드라tundra 지대를 거치는 노선이 지반이 약한 툰드라의 영구동토층을 통과할 때는 함부로 속력을 올리지 못하기 때문이다. 처칠 주민이 관광객을 맞이하는 시기는 허드슨만이 얼어붙기 시작하는 10월부터 시작한다. 바로 북극곰이 해빙을 도로로 삼아 주식인 물범을 사냥하러 북극으로

사진 8-2 오로라를 배경으로 한 북극곰

향하는 때다. 모 음료수 회사의 광고에 등장하는 해맑은 눈을 가진 바로 그 곰이다. 처칠에서 날씨가 맑으면서도 어두운 2월과 3월에 오로라를 감상할 수 있는데, 여기보다 오로라 접근성이 훨씬 좋은 명소가 많이 있다. 이에 비해 북극곰을 지근거리에서 마주치는 경험을 하기에는 처칠만 한 동네가 없다. 겨울이 시작되는 길목에 힘든 여행임에도 불구하고 사람들은 북극곰을 직접 눈으로 보기 위해 집을 나선다.

실제로 북극곰은 매우 난폭한 육식성 동물로서, 관광 나들이에 나서서는 매우 조심해야 한다. 이들은 얼음이 없는 여름에 긴 거리를 헤엄쳐 사냥하기가 쉽지 않으므로 육지에 올라와 어슬렁거리며 에너지 소모를 최소화한다.* 먹을거리가 없거나 예전에 인가에 버려진 음식을 먹었던 기억이 있는

* 육상의 곰이 겨울철에 동면을 하는 것에 상응하는 행위이다.

개체는 마을로 진입하기도 한다. 이럴 때를 대비해 처칠에는 곰을 위한 감옥도 있다.[2] 인간 죄수와는 달리 음식을 주지 않고, 헬기에 실어서 먼 곳으로 강제 추방한다. 이제 얼음이 얼기 시작했다. 어미 곰과 어미를 따르는 새끼 곰, 수곰, 감옥에서 추방된 곰들이 북극을 향한 먼 여정을 떠나기 위해 해변으로 모인다. 인간은 트럭에 올라탄 채로 이들의 출발을 지켜본다.

검은 피부 위에 흰 털

북극곰의 털은 백색의 빙판에 서식하기에, 그러니까 주변 환경에 위장해 먹이활동하기에 적합하도록 흰색을 띤다. 의외로 털 속에 숨은 북극곰의 원래 피부는 검은색이다. 육상의 불곰이 진화하는 과정에서 북극 환경에서 생존할 수 있도록 북극곰의 털 색깔이 바뀐 것이다. 사진 8-2에서 보는 까만 코가 바로 그 피부색이다. 최대 11.4센티미터에 달하는 두텁고 기름진 체지방층과 특별한 구조를 가진 털이 잘 어우러져 체온을 효율적으로 보존한다.[3] 덕분에 북극곰은 차디찬 얼음물 속에서 몇 시간이고 수영을 할 수 있는 것이다. 단열 시스템이 너무나도 잘 작동해 북극곰은 여름에 더위를 식히기 위해 눈 속에서 굴러다니기도 한다. 먹이를 사냥하러 빨리 달릴 때 북극곰은 과열되기 쉽다. 서식지의 상공에서 항공기를 타고 **적외선 카메라**로 곰을 추적할 때 체온에 의한 적외선 열선은 몸통으로부터 방사되지 못하고 오로지 숨을 쉴 때 내뿜는 입김을 통해서만 감지될 정도로 북극곰의 보온 능력은 뛰어나다(적외선 항공 카메라는 북극곰의 개체수 조사에 유력한 방법이다).[4] 털이 오염되거나 헝클어지면 보온 효과가 떨어지므로 털은 깨끗하게 유지되어야 한다. 북극곰은 보통 수영을 하면서 털을 씻거나 눈밭에서 뒹굴면서 오염물을 떨어낸다.

북극곰의 발에는 작은 물갈퀴가 달려 있어서 물범, 해달, 바다사자, 매너티, 고래 등과 함께 해양 포유류marine mammals로 분류된다. 북극곰의 뛰어난 수영 실력은 먹이활동에 필수 불가결한 것이지만, 여름에는 체온을 식히기 위해 물에 들어가고 겨울에는 혹독한 해빙 위의 눈보라와 영하 50℃에 달하는 추위를 피하고자 상대적으로 온도가 높은 물에 들어가 몸을 보온하기 위해서도 수영 실력이 필요하다. 그 중심에는 지방층과 털이 어우러진 단열 시스템이 자리 잡고 있다.

북극곰의 털은 보호털과 속털 등 두 겹으로 이루어져 있는데, 이들은 실제로 흰색이 아니다. 즉, 하얀 색소를 가지고 있지 않다. 보호털guard hairs이라

그림 8-2 북극곰 털의 구조

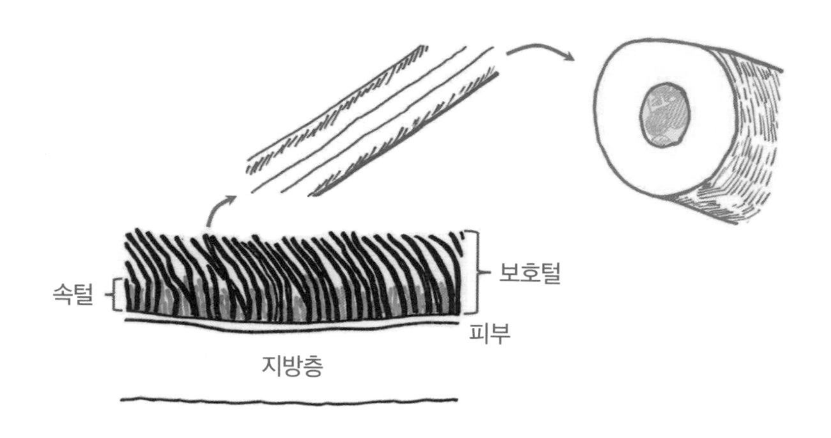

고 부르는 바깥층의 털은 속이 빈 구조를 가진 투광도가 높은 털이기 때문에 빛의 **확산반사**diffused reflection를 일으켜서 희게 보일 뿐이다.* 각 털의 중심에 형성된 공기 공간이 일부 파장을 흡수하지 않고 모든 색의 빛을 산란시키면 우리 눈에 하얗게 보이게 된다. 보호털의 길이는 5에서 15센티미터에 달하지만, 속털은 4센티미터로 보호털보다 짧다.[5] 부드럽고 구불구불한 속털은 1차 보온을 담당하며, 뻣뻣하고 거친 보호털은 미세한 속털과 조합을 이루어 태양광, 눈, 비 등과 같은 외부 환경으로부터 피부를 보호한다.

포유류의 털은 일반적으로 세 개의 각질층keratin으로 구성된다. 가장 바깥쪽 층인 각피cuticle는 매우 얇고 반투명한 비늘이 겹쳐 있는 구조로 되어 있다. 동물에 따라 형태가 다양해 거칠기와 같은 질감을 일으키는 요소다. 각피 아래에는 긴 물레 모양의 세포로 구성된 피질cortex이 있으며, 색소 과립을 함유하는 층이다. 세 번째로 골수medulla라고 불리는 추가적인 구조층이 존재하기도 한다. 공기로 채워진 빈 공간의 골수는 순록, 알파카, 늑대 등과 같이 혹한 지역에 서식하는 포유류에서 발견된다. 북극곰의 보호털은 잘 발달된 피질과 넓은 골수를 둘러싸는 얇은 각피로 구성된다. 피질에는 색소가 없으며, 골수는 넓고 개방된 공간을 이룬다.

북극곰의 털색은 새로 탈피한 후 가장 하얗게 보이다가 점차 누렇게 변하는데, 이는 햇빛에 장기간 노출되면 북극곰의 보호털이 점차 산화되어 노란색을 띠기 때문이다. 여름철 털이 짧은 시기에는 하층의 검은 피부색이 겉으로 나타나서 은은한 회색빛 곰으로 보인다. 털이 짧은 얼굴은 몸통보다

---

* 유리처럼 완전히 투명하지는 않지만 어느 정도의 높은 투광도를 나타내는 성질을 **투광성**translucence이라고 한다.

사진 8-3　동물원의 녹색 북극곰

회색조가 강하다.

한편 북극보다 훨씬 따뜻한 지역의 동물원에서 사는 북극곰은 가끔 녹색을 띤다. 온도가 올라가면 보호털의 속이 빈공간은 동물원 연못에서 서식하는 조류algae가 성장하기에 적합한 아늑하고 습한 기후를 제공한다. 털의 나머지 부분이 반투명하기 때문에 조류의 녹색이 털에 투영되어 녹색 곰으로 변신한다. 속털 섬유의 골수의 직경은 약 20마이크로미터로 너무 가늘어서 조류가 침투해 성장할 수 없고, 보호털만 조류의 영향을 받는다.

산란

앞서 3장에서 빛의 산란에 대해 간단히 언급한 바 있다. 여기서는 반투명한 보호털이 흰색을 띠는 이유를 알아보기로 하자. 결론부터 말하자면 북극곰

그림 8-3 눈꽃송이의 여러 형태

의 흰색은 털에 입사된 태양광이 여러 번의 미 산란Mie scattering과 틴들 산란Tyndall scattering을 일으킨 결과물이다. 이들 두 종류의 산란은 입사광의 파장이 산란을 일으키는 물체의 크기와 비슷할 때 일어난다. 미 산란은 입자가 구형일 때 일어난다. 구름이나 안개는 이들을 구성하는 작은 구형의 물방울로부터 빛이 미 산란되어 흰색으로 보인다. 틴들 산란은 입자의 형상이 구형일 필요가 없다. 눈꽃송이를 형상화한 그림 8-3을 보자. 태양광이 눈꽃송이를 구성하는 다양한 작은 구조로부터 틴들 산란되어 눈이 하얗게 보인다. 틴들 산란은 입사광 파장의 네제곱에 반비례하기 때문에 단파장의 빛이 더 강하게 산란된다. 맑은 날 강한 햇빛 아래에서 야외의 얼음이나 눈밭이 약간 푸르스름하게 보이는 이유는 이것 때문이다(사진 8-4).

사진 8-4 태양광이 눈구멍 속에서 여러 번에 걸쳐 산란되어 푸른색을 띠는 눈밭

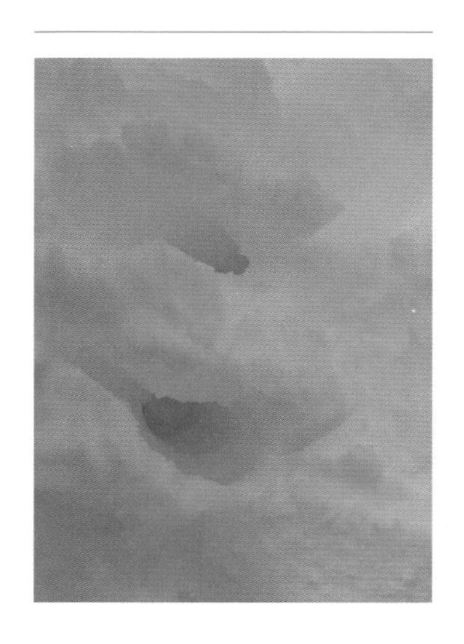

그림 8-4는 북극곰의 보호털로 입

그림 8-4 북극곰의 보호털에 들어온 태양광이 계면으로부터 다중 산란을 거치면서 피부에 도달하는 양상을 묘사한 그림

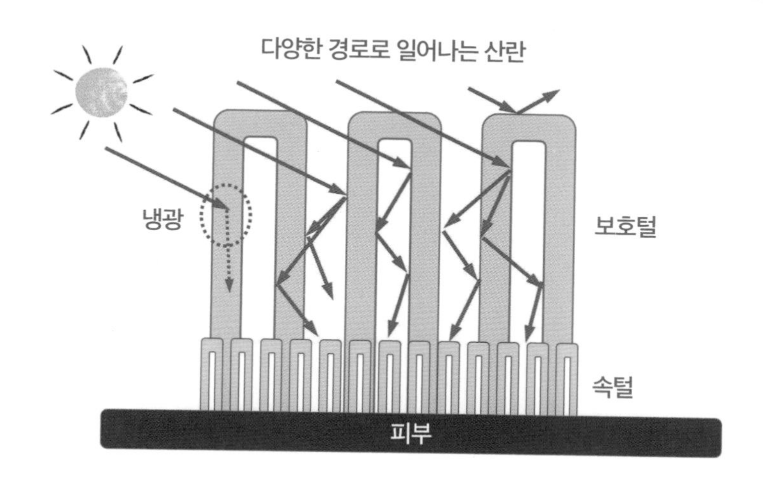

사된 빛이 겪는 다양한 경로의 산란을 보여준다. 빛은 물질의 계면으로부터 산란된다. 보호털에는 두 종류의 계면이 존재한다. 첫째는 표면, 즉 최외층 각피와 외부공기와의 계면이고, 둘째는 피질과 속이 빈 골수와의 계면이다. 보호털로 입사되는 태양광의 대부분은 이들 계면으로부터 여러 번의 산란을 거치면서 안으로 깊이 들어간다. 이러한 전방 산란이 없다면 검은 피부색이 일부나마 겉으로 드러날 것이다. 그리고 일부의 빛은 공기 쪽으로 후방 산란된다. 이 덕분에 북극곰의 털은 흰색을 띠고, 곰은 북극에서 생존 능력을 극대화한 포식자의 위치를 획득한다.

태양 에너지 가두기

그림 8-4가 보여주듯이 북극곰의 보호털로 들어온 태양광의 대부분은 내부 깊숙이 들어온다. 속털은 짧으면서 치밀하다. 그 반면에 보호털 사이의 공간은 여유가 있고, 다중 산란이 발생하는 배경이 된다. 골수 안으로 포획된 빛은 골수를 따라 피부에 쉽게 도달한다. 즉, 북극곰의 털이 태양광을 모으는 원리는 개개의 털이 가진 독특한 구조와 모든 털이 관여하는 집단적인 시너지 효과synergetic effect에 기반한다.[6] 빛은 여러 번 전방으로 산란되어 마침내 치밀한 속털에 도달한다. 이곳에서 태양광은 적외선 파장을 가지는 열선으로 변환되어 검은 피부로 흡수된다. 이리하여 곰의 가죽 털옷은 뛰어난 방한 능력을 제공해 영하 수십 도의 혹한 속에서도 체온을 일정하게 유지 시킨다.

북극곰의 털이 가지는 보온 메커니즘은 이것뿐이 아니다. 각질층은 빛을 산란시킬 뿐만 아니라 빛을 흡수해 **냉광**luminescence이라는 현상을 일으킨다. 물질이 빛 에너지를 흡수하면 낮은 에너지에 놓여 있던 전자가 더 높은 에너지 상태로 옮겨간다. 이를 **여기**excitation라고 한다. 여기된 전자 입장에서 보면 더 낮은 에너지 상태가 비어 있으므로 다시 원래 상태로 되돌아가게 되는데, 이때 낮아지는 만큼의 에너지를 방출하게 된다. 이 과정이 반복되면서 태양광이 가진 에너지의 일부가

사진 8-5 나방의 눈

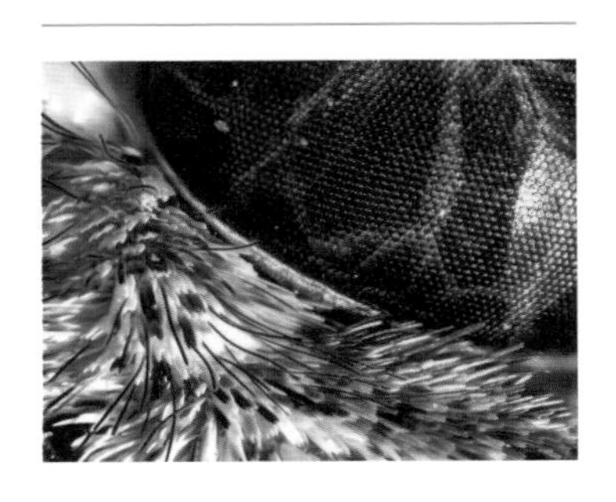

털에 흡수된다.

북극곰의 털에는 한 가지 기능이 더 있다. 바로 각피에 덮인 비늘이 주인공이다. 야행성 곤충에게는 무엇보다도 야간에 아무리 미약한 빛이라도 모두 감지하는 능력이 절대적으로 필요하다. 야행성 곤충의 눈은 매우 작은 렌즈가 규칙적으로 배열되어 있어서 빛의 흡수를 극대화시키는데, 이를 나방눈 효과moth-eye effect라고 한다(사진 8-5). 광의 파장이 미세 돌기의 직경과 높이로 주어지는 특정한 조건을 만족하면 반사가 극도로 억제되고, 대부분의 빛은 흡수된다. 이와 동일한 원리가 북극곰의 털에도 적용된다. 북극곰 털의 표면은 매끈하지 않고 비교적 일정한 형상의 비늘로 덮여 있는데, 이를 전자현미경으로 관찰하니 그림 8-5처럼 비늘의 너비와 두께는 각각 약 12.5마이크로미터, 0.5마이크로미터임이 밝혀졌다.[7] 그 결과로 털은 태양광 중에서 0.5마이크로미터(500나노미터) 파장의 빛을 가장 잘 흡수하게 되었다. 그런데 놀라운 사실은 그림 8-6에서 보듯이 지표면에 도달하는 태양광 스

그림 8-5 보호털의 각피에 형성된 비늘의 개략도

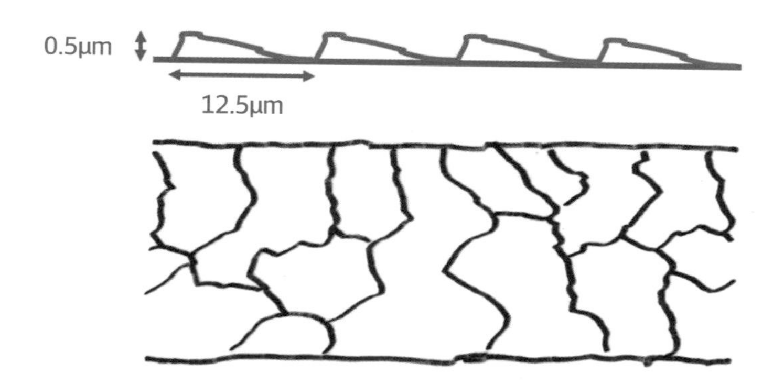

그림 8-6 지구 표면에 도달하는 태양광의 강도

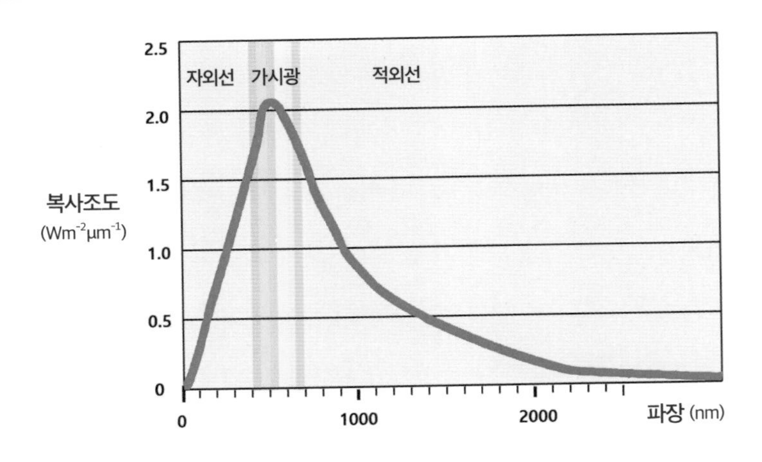

펙트럼에서 녹색광에 해당하는 500나노미터 파장의 빛이 가장 강도가 세다는 것이다. 즉, 기왕에 표면 비늘을 만들 바에 가장 효율이 높은 파장을 타겟으로 해 비늘 형상을 최적화시킨 것이다.

요약하자면 태양광이 입사되는 방향으로 전방 산란이 일어나 피부 근처로 광이 모이는 현상, 털 자체가 냉광 메커니즘으로 태양광을 흡수하는 현상, 그리고 지표면에 가장 강하게 도달하는 파장을 흡수하는 현상 등이 복합적으로 작용해 북극곰의 털옷은 태양 에너지를 효율적으로 가둔다.

체온을 뺏기지 않기

북극곰의 털옷이 외부로부터 공급받는 태양 에너지를 효율 높게 가두었다면 이번에는 내부의 몸이 가진 체온을 외부로 빼앗기지 않는 수단도 필요하다. 두터운 체지방층이 그 역할을 담당한다고 하나 털도 여기에 기여할 수 있다면 금상첨화일 것이다.

다시금 속이 빈 털에 주목하자. 우리는 경험적으로 추운 겨울에 두터운 옷 한 벌보다는 얇은 옷을 여러 벌을 겹쳐서 입는 편이 더 따뜻함을 알고 있다. 열의 전도성 측면에서 본다면 공기의 열전도는 고체의 그것에 비해 훨씬 낮다. 따라서 얇은 옷 사이에 놓인 공기층은 열의 전도를 막아주고 체온을 잘 보존한다. 그렇다면 털 속의 빈 공간이 북극곰의 체온 보존에 중요한 역할을 하리라고 어렵지 않게 예측할 수 있다.

열이 전달되는 방법에는 대류convection, 전도conduction, 복사radiation 세 가지가 있다. 대류는 공기를 통한 열의 순환이고, 전도는 매질을 통한 열의 흐

그림 8-7 속이 빈 북극곰의 털의 구조를 단순화해 만든 각질층과 공기층이 교대로 배열된 모델

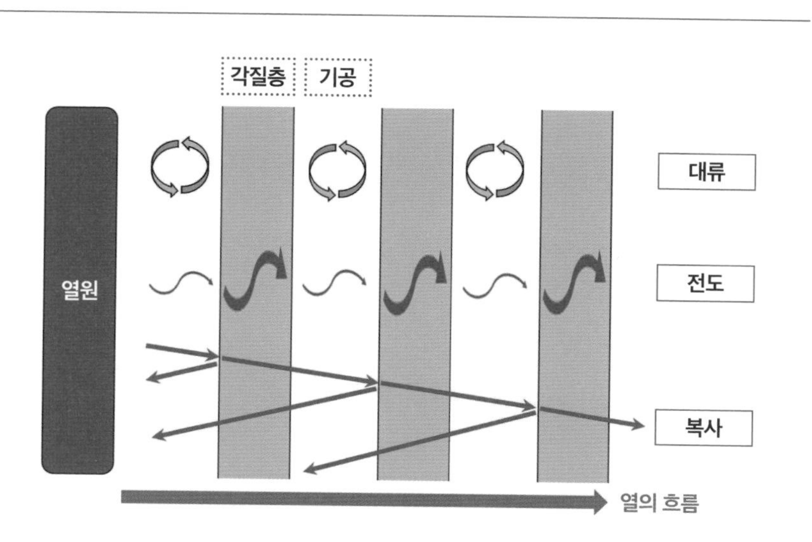

털은 피부에 수직으로 나와 있지만, 이해를 돕기 위해 털이 표면과 평행하도록 그렸다.

름을, 복사는 흔히 열선이라고 부르는 적외선 전자기파의 방사를 의미한다. 따라서 곰의 털옷이 가지는 열전도율은 위의 세 가지 항을 합한 것이고, 그 중에서 전도는 공기와 털을 통한 전도를 더한 것이다.

그림 8-7은 그림 8-4를 기반으로 해 열의 전달을 단순화한 모델을 보여준다. 그림에서 열원은 곰의 피부다. 먼저 대류에 의한 열전달은 각 기공층이 각질층에 의해 분리되어 있기 때문에 극도로 제한된다. 두 번째로 전도 현상은 열전도율이 매우 낮은 공기층에 의해 제한된다. 기공률이 높을수록 공기층이 차지하는 부피가 증가하므로 전도에 의한 열전달은 낮아진다. 마지막으로 몸에서 방출되는 적외선 복사는 각질층-공기층 계면에서 반사되어 다시 몸으로 되돌아온다. 이상과 같은 열전달을 억제하는 세 종류의 메커니즘을 통해 북극곰은 오늘도 체온을 관리한다.

에너지를 수확하다

북극곰이 가지고 있는 극단적인 보온 능력은 인간이 보기에 참으로 탐나지 않을 수 없다. 우리 몸에는 털이 없으니 대용으로 모피를 걸친다. 그러나 극한 지역에서와 같이 피치 못할 경우가 아니라면 이는 비난받을 일이리라. 가장 좋은 방법은 통상 입는 직물에 체온을 흡수하는 능력을 부여하는 것이다. 바로 북극곰의 털을 모방해서.

자세한 이야기를 하기 전에 체온을 이용하는 것과 같이 주변에 버려지는 에너지를 유용한 에너지로 변환해 재사용하는 기술인 에너지 하베스팅 energy harvesting에 대해 들여다보자. 이 기술은 각 소자가 태양 에너지, 기계적 진동, 열 에너지, 풍력 에너지 등 자연에 존재하는 에너지를 모아서 유용한 전기 에너지로 바꾸어주는 것이다. 화석연료를 사용하지 않아서 공해를 줄일 수 있으므로 친환경적이라고 할 수 있다. 에너지를 얻는 방법에 따라 태양광 발전(**광전 효과**photovoltaic effect), 압전 발전(**압전 효과**piezoelectric effect), 전자기 발전(전자기 유도electromagnetic induction), 열전 발전(**열전 효과**thermoelectric effect) 등으로 나뉜다. 본 장의 주제인 북극곰의 털은 태양광과 열 에너지를 이용하는 에너지 하베스팅에 해당된다. 즉, 태양전지와 열전 소자가 하는 기능과 유사하다.

북극곰의 털옷을 모방하기에 가장 적합한 제품은 직물이다. 이 직물은 태양광을 잘 투과시킴과 동시에 몸으로부터 방사되는 적외선을 흡수해 피부 근처에 온실과 같은 환경을 구축해준다. 단열 기능을 구현하기 위해서는 섬유 내부가 빈 중공 구조hollow structure이어야 하고, 기공률이 높고, 기공의 형상과 표면의 미세구조를 조절할 수 있어야 한다. 최근의 재료과학은 사진 8-6에서 보는 것처럼 유연

사진 8-6 탄화규소 중공 섬유의 단면을 촬영한 주사전자현미경 사진[8]

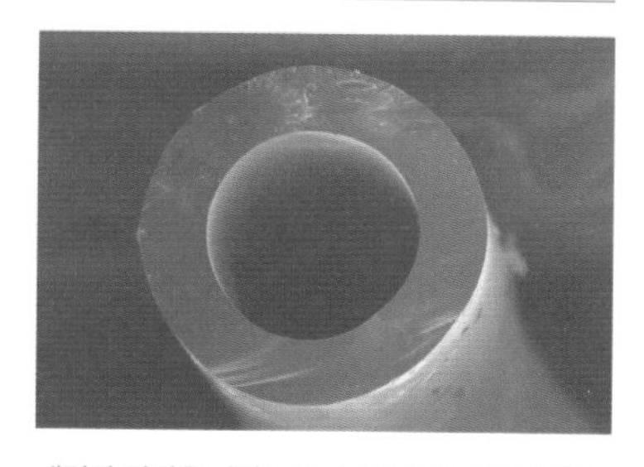

내경과 외경은 각각 140과 220마이크로미터다.

사진 8-7 판형 기공이 나란하게 배열된 방향성이 우수한 SiOC 다공체의 주사전자현미경 사진

저자 촬영

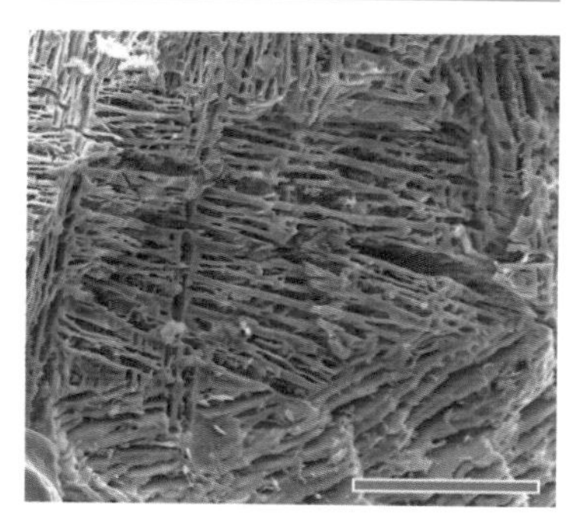

사진 우측 하단의 선분의 길이는 40마이크로미터다.

한 섬유가 아닌 단단한 세라믹 재료에서도 중공 구조를 실현할 수 있다. 또한 사진 8-7처럼 판상의 기공이 나란하게 정열된 다공체를 제조하기도 한다. 견사silk fibroin와 키토산chitosan을 원료로 사용해 직조한 단열 직물의 경우 잘 발달된 판상 기공들이 서로 겹쳐 있는 구조가 단열 성능에 필수 불가결함을 보여준다.[9)]

단열 직물의 기능은 마이크로의 세계에서 현실화된다. 눈을 돌려 매크로(거시적) 세계에서 태양광과 열을 이용하는 시설물을 찾자면 패시브 하우스가 눈에 들어온다. 패시브, 즉 수동형 건물이란 태양광이나 지열 기술을 활용하고, 난방이나 냉방에 소요되는 에너지를 최소화시킨, 쾌적한 실내를 담보하도록 설계된 저에너지 건물을 의미한다. 최근에는 에너지가 거의 필요하지 않은 초저에너지 건물을 짓고 있다. 건물의 설계 단계에서 건축 재료와 디자인을 통합하고, 보수 공사까지도 고려한다.

패시브 하우스를 실현하기 위해서는 단열재료의 역할이 중요하다. 단열재료는 내부의 열을 보온하거나 외부로부터의 열을 차폐해 열효율의 개선을 목적으로 하는 열전도율이 낮은 재료다. 또한 내구성, 내화성 등 다른 특성도 만족시켜야 한다. 단열재를 분류하자면, 첫째 발포계 단열재가 있다. 이것은 저밀도, 고기공률 재료로서, 통기성이 높은 연속

사진 8-8 패시브 하우스

기공(개기공)과 독립 기공(폐기공)을 모두 포함한다. 폐기공에는 특수 기체를 주입하기도 한다. 재료의 밀도, 기공률, 기공의 형상 등을 조절해야 하는데, 기공률이 크고 미세한 폐기공이 균일하게 분포된 다공체가 적합하다. 둘째, 섬유계 단열재는 가는 직경의 섬유 다발로 이루어져 내부에 유동성이 적은 공기층을 함유한다. 북극곰의 털옷이 바로 여기에 해당된다. 섬유의 직경과 벌크 밀도에 따라 단열성이 달라진다. 셋째, 적층계 단열재는 복합 합판과 다층 창호 유리와 같이 각 층 사이에 독립된 공기층을 가둔 것을 말한다. 공기층의 두께가 공기의 대류를 억제할 만큼 작으면 단열성이 확보된다.

날이 갈수록 증가하는 에너지 비용을 절감하고자 패시브 하우스가 중요해지고 있다. 앞서 언급했듯이 처칠의 겨울은 혹독하다. 이런 환경에서 북극곰이야 환경에 적응하도록 진화했으므로 문제가 없겠지만, 고위도 북극권역에 사는 사람들이야말로 패시브 하우스가 필요해 보인다. 특히 지구온난화로 인해 대기가 불안정해지면서 전 지구적으로 혹한이 몰려오는 지역이 증가하고 있다. 세계 각국은 패시브 하우스의 개발에 더욱 박차를 가할 전망이다.

북극곰이 발을 뻗을 곳

얼음 위에 엎드려서 무언가를 기다린다. 얼음 구멍으로 숨을 쉬러 나오는 물범은 북극곰이 가장 좋아하는 먹이다. 긴 겨울 내내 얼음 구멍 앞에서 기다림을 반복하는 북극곰의 참을성은 진수성찬을 약속한다. 바다사자나 바다코끼리도 이들의 사냥 대상이다. 육상의 곰들과는 달리 이들은 겨울잠을 자지 않는다. 오히려 겨울은 신나게 먹이활동을 하는 시기다.

겨울이 끝나가면 고난의 시기가 도래한다. 해빙이 녹기 시작하는 것이다. 겨울보다 멀어진 해빙 사이에서 수영하다가 곰들은 점점 지쳐나간다. 마침내 6월이 되면 남쪽에 위치한 육지로 퇴각해 얼음과 헤어질 결심을 한다. 문제는 육지에 머무르는 기간이 점점 늘어난다는 것이다. 해빙은 늦게 형성되고, 더 빨리 녹기 시작한다. 북극곰은 지구온난화의 영향을 온몸으로 받아낸다.

지난 20년 동안 허드슨만의 얼음이 얼지 않는 기간이 20일 정도 늘어났고, 이에 비례해 북극곰이 물범을 사냥하는 기간은 3주나 단축되었다. 특히 치명적인 것은 이른 봄부터 해빙이 녹는 현상인데, 바로 이 시기에 사냥하기 쉬운 물범 새끼가 태어나기 때문이다. 곰의 평균 체중이 15% 감소했고, 새끼가 성체로 생존하는 빈도가 감소했다.[10)]

해빙은 육지로부터 점점 더 멀어지고 있다. 이는 서식지의 손실과 더 먼 거리를 헤엄쳐야 하는 문제를 일으킨다. 또한 멀어진 바다는 파도가 높아져 과거에 볼 수 없었던 익사한 북극곰이 발견되는 지경에 이르렀다. 얼음이 녹는 기간도 문제지만, 여름에 접어들면서 예측하지 못할 정도로 얼음이 단기간에 녹아 버리기 때문에 북극곰으로서는 대처할 시간을 빼앗겨 버린다. 이런 상황은 특히 새끼 곰에게 치명적이어서 곰의 개체 수의 감소를 부추긴다.

식량 부족도 곰들을 위협한다. 겨울이 짧아지면서 사냥할 시간이 부족해진다. 해빙의 손실은 곰뿐만 아니라 물범에게도 좋지 않은 현상이어서 먹잇감이 감소한다. 이전에는 얼어붙은 얼음으로 봉쇄되었던 바다이지만, 이제는 해저 탐사와 해상 석유시추가 가능해지면서 깨끗했던 북극곰의 서식지를 오염시키고 있다. 상상하기도 힘든 극한 지역에서 포식자로 군림하던 북극곰은 발을 뻗고 편히 쉴 공간을 약탈당하고 있다. 화려하지는 않지만 뛰어난 기능을 가지고 있는, 햇살에 반짝이는 북극곰의 흰 털을 더이상 볼 수 없을지도 모른다.

용어 해설

결정입계

결정질 재료는 원자의 배열에 따라서 크게 두 종류로 구분된다. 하나는 시편 전체가 하나의 결정인 것으로, 이를 단결정single crystal이라고 한다. 보석이나 실리콘 반도체가 여기에 해당된다. 둘째는 다결정polycrystal이라고 하는 것으로, 그림 8-8에서 보듯이 작은 결정이 여럿 모여서 이루어진다. 각각의 결정을 결정립grain이라고 하고, 결정립과 결정립 사이의 계면이 결정입계다. 도자기와 같은 세라믹 제품이 다결정의 대표적인 예다. 그림에서 결정립은 육각형으로 그려져 있으나, 결정립이 반드시 육각형일 필요는 없다. 개별 원을 원자라고 한다면 각 결정립의 크기는 수십 나노미터이고, 따라서 그림은 나노 구조를 나타낸다.

일반적으로 다결정질의 제조는 분말로부터 출발한다(나노 구조의 제조는 다른 수단, 예를 들어 액상으로부터의 상향식법과 같은 합성법을 동원해야 한다). 분말을 합쳐 특정한 모양으로 성형한 후 고온으로 온도를 올리면 제품이 가진 총 표면적을 줄이기 위해 분말들이 서로 뭉치기 시작한다. 고체 표면은 여분의 높은 표면 에너지를 가지므로, 이를 줄이기 위해서는 분말들이 서로 뭉쳐서 큰 입자로 성장해야 한다. 이렇게 성장한 입자가 결정립이다. 그림에서 보듯이 결정입계는 원자의 배열이 불규칙한 2차원 공간으로, 모재료가 아닌 불순물이 여기에 자리하기 쉽다. 이런 현상을 편석segregation이라고 한다. 편석으로 인해 다결정 재료의 각종 성질이 변화하고, 우리는 이를 적절히 이용해 각종 기능을 구현한다.

그림 8-8 결정립 모형

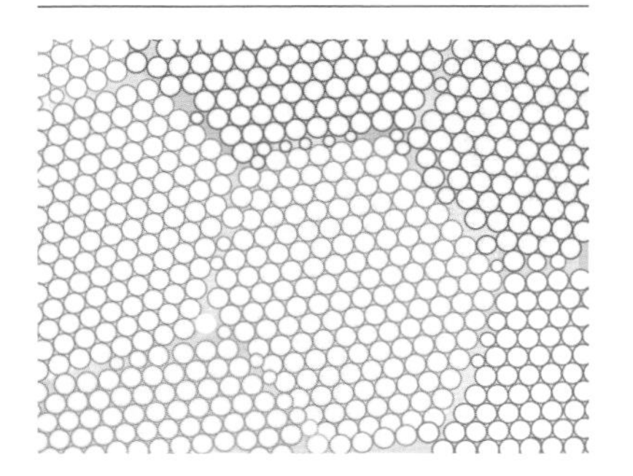

광전 효과

금속에 어떤 문턱 진동수threshold frequency보다 높은 진동수의 전자기파가 입사되면 전자가 방출되는 현상이다. 이때 방출되는 전자를 광전자photoelectron라고 한다. 광전 효과는 빛의 입자성을 보여주는 중요한 실험 결과다. 빛의 파동성으로는 광전자를 설명하지 못한다. 빛의 입자성을 강조하고자 할 때 빛을 광자photon라고 부른다. 의외로 아인슈타인은 우리에게 잘 알려진 상대성 이론이 아닌 광전 효과로 노벨 물리학상을 수상했다.

문턱 진동수(전자기파의 에너지는 h라고 표기하는 플랑크 상수에 진동수 v를 곱한 값이다. 광속도 c는 파장 λ와 진동수 v의 곱이므로 파장과 진동수는 역비례 관계다)의 존재는 전자가 물질에 속박되어 있어서 이 결합을 끊

그림 8-9 광전 효과

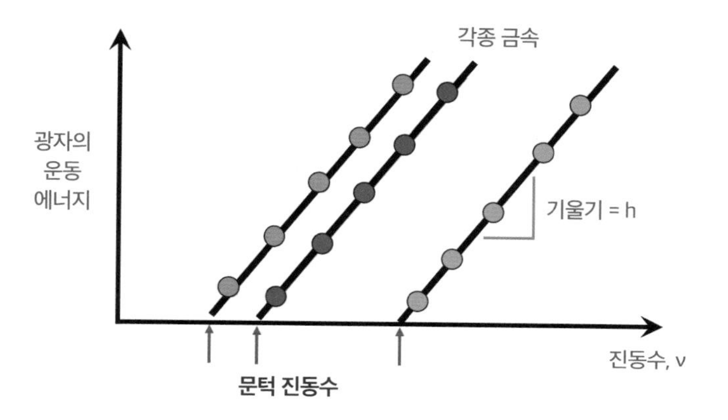

금속의 종류에 따라 광전자가 방출되는 문턱 진동수가 다르다.

어 내는 데 최소한의 에너지가 필요함을 의미한다. 이 진동수보다 낮은 빛, 즉 결합력보다 에너지가 낮은 빛을 아무리 강하게(파동성의 측면에서 큰 진폭을 의미함) 입사시켜도 광전자가 방출되지 않는다. 문턱 진동수를 넘어서면 결합을 끊어내기에 충분한 에너지를 가진다. 그리고 입사한 빛의 강도에 비례해서 광전자의 수가 증가한다. 빛의 입자성으로 설명하자면 강도는 광자 수에 비례한다. 전류란 단위 시간당 흐르는 전하의 양이므로 광전자에 의한 전류가 증가하게 된다.

굴절률

우리는 경험적으로 수면 밑에 있는 물체를 손으로 잡으려 할 때 손을 물체에 직선적으로 내밀어서는 안 된다는 사실을 알고 있다. 그 물체는 눈에 보이는 위치보다 실제로는 더 가깝게 있기 때문이다. 이런 현상은 빛이 서로 다른 물질의 계면을 통과할 때 경로가 바뀌는 굴절refraction 때문에 발생한다. 그리고 굴절을 일으키는 근본 원인은 빛의 속도가 진공에서보다 어느 매질 속을 진행할 때 더 낮아지는 데 있다. 굴절률 n은 다음과 같이 정의된다.

$$n = c/v$$

여기서 c는 빛의 진공에서의 속도, v는 물질 내에서의 속도다.

진공에 비해 물질을 통과하는 빛(전자기파)의 속도가 늦어지는 이유는 전자기파의 전기장이 물질을 구성하는 전자와 상호작용을 하기 때문이다. 전기장의 진동이 전자에 전달되어 전자가 진동한다. 진동하는 전자에 의해 약한 전기장이 만들어지고, 이는 입사된 전기장에 영향을 미쳐 속도를 늦춘다. 따라서 n은 1보다 크다. 매질의 굴절률과 입사각도/굴절각도와의

그림 8-10 굴절 현상

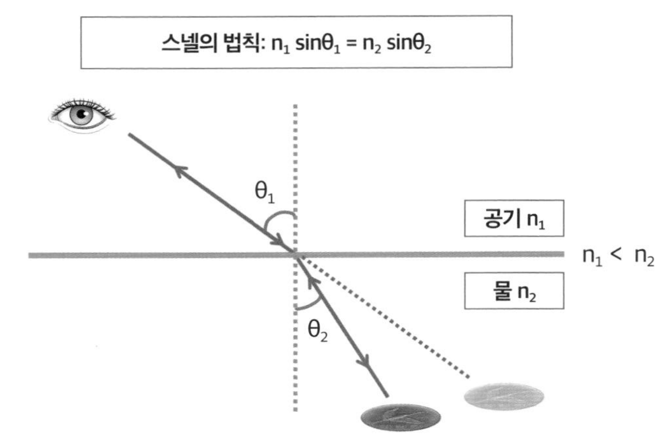

굴절각도는 스넬의 법칙을 따른다.

관계는 스넬의 법칙Snell's law으로 주어진다.

냉광(발광)

냉광이란 각종 에너지원(전자기파, 열, 응력 등)에 의해 여기된 전자가 **자발 방출**spontaneous emission 되어 빛을 발생하는 현상을 말한다. 물질을 가열하면 복사선이 방출되는데(백열등이 그 예다), 냉광은 가열에 의하지 않으므로 차가운 빛이라는 의미로 붙인 이름이다. 이런 의미에서 냉광은 비흡열 발광이라고도 한다. 자발 방출은 낮은 에너지 상태로 떨어지는 전자들의 거동이 제각각으로 이루어진다. 이에 반해 전자들이 집단적으로 동시에 떨어지면 **유도 방출**stimulated emission이라고 한다.

냉광으로 분류되는 현상 중에 형광fluorescence이 있다. 대부분의 경우 방출된 빛은 흡수된 전자기파보다 더 긴 파장을 가진다. 예를 들어, 형광 물질에 자외선을 노출시키면 그보다 파장이 긴 가시광을 방출해 우리 눈에 뚜렷한 색상으로 관찰된다. 형광 물질은 여기원이 제거되면 거의 즉시 발광을 멈추는데 반해, 인광phosphorescence이란 여기가 끝난 후에도 빛이 지속적으로 방출되는 현상이다. 우리가 흔히 보는 야광 물질(시계 바늘에 발라져 있다)은 인광 특성을 갖고 있다. 일반적으로 형광은 여기원 제거 후 나노

사진 8-9 형광 물질로 치장한 여인

그림 8-11 입자 크기에 따른 미 산란의 각도 변화

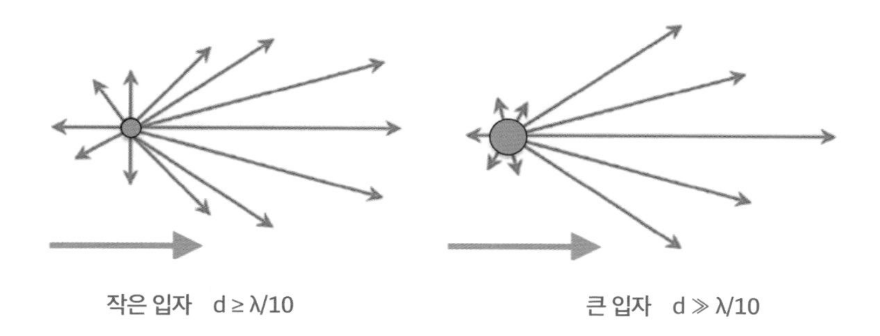

초(수십억분의 1초) 내에 사라지고, 인광은 수 마이크로초에서 수 시간 동안 잔광을 방출한다.

미 산란

파장과 비슷한 크기의 구형 입자에 의한 빛의 탄성 산란(산란 전후로 빛의 에너지가 손실되지 않는다)을 말한다. 직경이 증가함에 따라 전방과 후방으로의 산란은 더 비대칭적으로 된다. 입자가 매우 작은 경우 미 산란은 레일리 산란과 구별할 수 없게 된다.

여기

전자의 여기는 낮은 에너지 상태에 자리하던 전자가 외부에서 공급된 에너지에 의해 더 높은 에너지 상태로 이동하는 현상을 말한다. 여기를 일으킬 수 있는 외부 에너지 원으로는 전자, 이온, 전자기파(광자), 열, 마찰과 같은 기계적 에너지 등 다양하다. 여기된 전자는 원자 밖으로 탈출한 상태가 아니며, 언제라도 원래의 낮은 상태로 돌아오려 한다. 이를 재결합이라고 한다. 재결합 시 여기 준위와 기저 준위와의 에너지 차이에 해당하는 전자기파를 물질 외부

그림 8-12 여기 과정

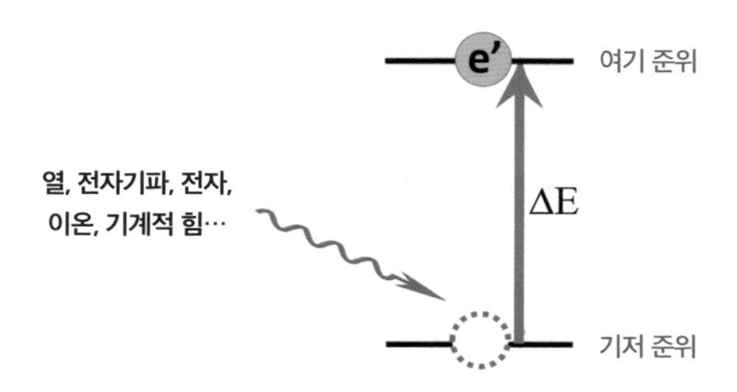

로 방출하게 된다.

열전 효과

열전 효과는 열전 특성을 가진 물질을 사용해 온도 차이를 전기 전압으로, 또는 그 반대로 방향으로 변환하는 것을 말한다. 열전 효과에는 제백 효과Seebeck effect와 펠티어 효과Peltier effect가 있는데, 사실 이들은 동일한 물리적 과정을 다르게 표현한 것이다.

제백 효과는 온도차로부터 전기가 생성되는 과정으로, 열 에너지가 전기 에너지로 전환된다. 시편의 양쪽 끝의 온도가 다르다고 하자(이를 온도 구배temperature gradient라고 한다). 온도가 높은 곳의 전자가 가지는 운동 에너지는 낮은 곳의 전자보다 더 크다. 따라서 전자는 뜨거운 쪽에서 차가운 쪽으로 확산되고, 시편의 양단 사이에 기전력이 발생한다. 금속의 종류에 따라서 발생하는 기전력이 다르다. 서로 다른 고융점 금속선의 한쪽만을 접합하면 열전대thermo-couple라고 하는 소자가 만들어진다. 접합부를 고온 영역에 삽입하면 제벡 효과로 인해 금속선의 양단에 기전력이 발생한다. 상온부에서(실제로는 0℃를 기준으로 보정한다) 두 금속선에는 서로 다른 기전력이 발생하므로, 이 사이의 전압 차이를 측정하면 고온부의 온도를 알 수 있다. 펠티어 효과는 전위차로부터 온도차를 생성하는 것으로, 전기 에너지가 열 에너지로 전환되는 방식이다. 펠티어 효과를 이용해 열 펌프나 냉매가 필요 없는 열전 냉각기를 제작할 수 있다. 소형 냉장고로 상용화되어 있다.

유도 방출

특정한 진동수를 가진 광자가 물질에 입사되어 여기된 상태의 원자와 작용해 전자를 더 낮은 에너지 준위로 떨어지게 하는 과정이다. 이때 유도 방출되는 광자는 입사된 광자와 동일한 진동수와 위상을 가지는데, 이를 결맞음coherent 광이라고 한다. 입사 광자와 유도된 광자의 위상이 같으므로 광은 보강 간섭되어 증폭된다. 유도 방출은 단일 파장의 강력한 레이저광을 생성하는 주요 원리 중 하나다.

그림 8-13 유도 방출이 일어나는 원리

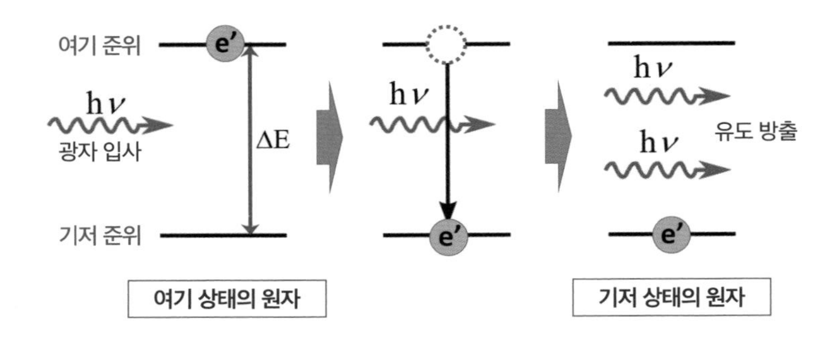

자발 방출

전자가 더 낮은 에너지 준위에서 더 높은 에너지 준위로 여기되면 언제든지 점유되지 않은 낮은 에너지 상태로 붕괴될 수 있다. 자발 방출은 여기된 상태의 전자가 외부 영향 없이 붕괴해 광자를 방출하는 것을 의미한다. 방출되는 광자들의 위상과 방향은 무작위다. 냉광이나 열방출의 메커니즘이다.

적외선 카메라

초전체 재료를 사용해 적외선 파장을 검출하고 이를 상으로 구현하는 카메라다.

사진 8-10 적외선 카메라에 잡힌 양떼와 목양견

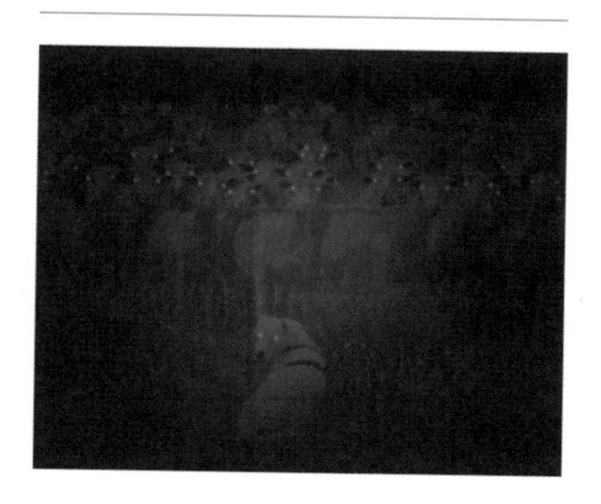

초전체

물질은 전기적으로 중성을 유지한다. 대부분의 경우 양전하와 음전하의 중심이 일치하지만, 외부에서 전기장이 가해지면 각 중심이 서로 어긋나서 **분극**(6장 용어 해설 참조)이 발생한다. 초전체는 압전체와 마찬가지로 중심대칭을 가지지 않는 결정 구조에서 나타난다. 외부 전기장과 관계없이 자발적으로 분극이 형성되어 있다. 온도 변화에 의해 결정 구조 내의 원자 위치가 약간 움직여 분극의 크기가 변화하며, 이로 인해 초전체에 전압이 발생된다. 모든 초전체는 압전체이기도 하다.

투광성

투명성이란 빛이 산란됨이 없이 물질을 통과하는 물리적 특성이다. 투광성(반투명) 물질은 대부분의 빛은 투과시키지만, 굴절률이 서로 다른 구성요소로 이루어져 있어서 빛의 일부가 산란된다. 그리고 빛이 계면에서 굴절될 때 스넬의 법칙을 따르지 않는다. 투명한 물질은 균일한 굴절률을 가지므로 스넬의 법칙을 만족시킨다.

틴들 산란

틴들 산란은 처음에 매우 미세한 **콜로이드** colloid 입자에서 관찰된 광산란이다. 긴 파장이 더 많이 투과되는 반면, 짧은 파장의 빛은 더 큰 각도로 산란된다. 따라서 파란색 빛은 빨간색 빛보다 훨씬 더 강하게 산란된다. 미세한 입자가 청색광을 우선적으로 산란시키기 때문에 담배 연기는 푸른빛을 띤다.

콜로이드

콜로이드는 직경이 약 1나노미터에서 1마이크로미터인 미세 입자가 매질에 균일하게 분산된 혼합물계다. 분산 매질은 고체, 액체, 기체 모두 가능하며, 여기에 분산된 입자의 종류에 따라 콜로이드를 분류한다. 예를 들어, 에어로솔은 기체 분산 매질에 액체 또는 고체 입자가 분산된 콜로이드다. 솔과 젤은 고체 입자가 액체 매질에, 에멀젼은 액체 입자가 액체 매질에 분산된 콜로이드다. 콜로이드 계에 분산된 입자를

사진 8-11 평균 직경이 100나노미터인 실리카 구를 함유한 콜로이드 솔을 유리 기판 위에 코팅해 실리카 구의 최밀충진 상태를 구현한 모습

저자 촬영

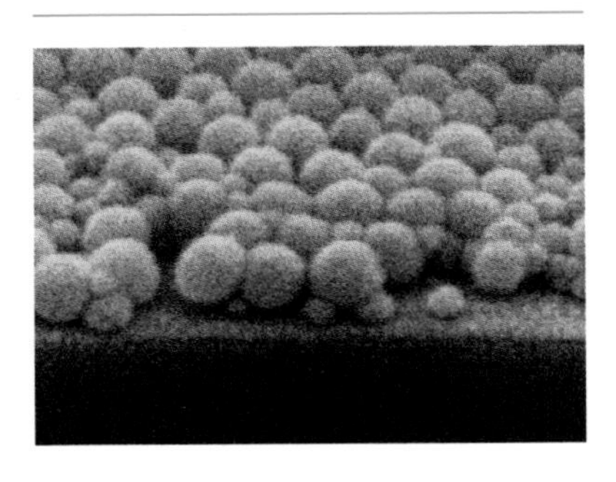

콜로이드 입자라고 한다. 사진 8-11은 구형 단분산 콜로이드 입자를 사용해 기판 위에 자가 조립한 시편을 보여준다. 아래의 표는 각종 콜로이드의 입자와 분산 매질에 따른 명칭을 보여준다.

확산반사(난반사)

물체의 표면에 입사된 빛이 하나의 각도로 거울반사specular reflection되는 것이 아니라 여러 방향으로 반사되는 현상을 말한다. 그림 8-14에서 보듯이 표면의 거칠기는 확산반사가 일어나는 정도에 영향을 미친다. 예를 들어, 자동차 페인트의 경우 표면 상태를 조절해 광택 또는 무광택으로 도장한다. 그런데 거칠기를 최소화시킨 매끈한 거울면 연마mirror polishing가 무조건 거울반사를 보장하는 것은 아니다. 그림의 맨 왼쪽에 묘사한 반사는 유리와 같이 빛의 산란을 일으키는 요소가 억제된 재료에 국한된다. 대부분의 재료는 표면 아래층에 산란을 일

표 8-1 콜로이드 계의 종류

예	분산 매질	분산 물질	콜로이드 명칭
안개, 에어로솔 분무	기체	액체	에어로솔
안개, 공기 운반 박테리아	기체	고체	에어로솔
거품 크림, 비누 거품	액체	기체	거품
우유, 마요네즈	액체	액체	에멀젼
페인트, 진흙, 젤라틴	액체	고체	솔
마쉬멜로, 폴리스타이렌 거품	고체	기체	고체 거품
버터, 치즈	고체	액체	고체 에멀젼
루비 유리	고체	고체	고체 솔

그림 8-14 표면 거칠기에 따른 산란 강도의 변화

으키는 요소를 가지고 있다. 기공, 불순물, **결정입계**grain boundary 등이 그것이다. 일반적으로 거의 모든 재료는 거울반사와 확산반사가 혼합되어 나타난다.

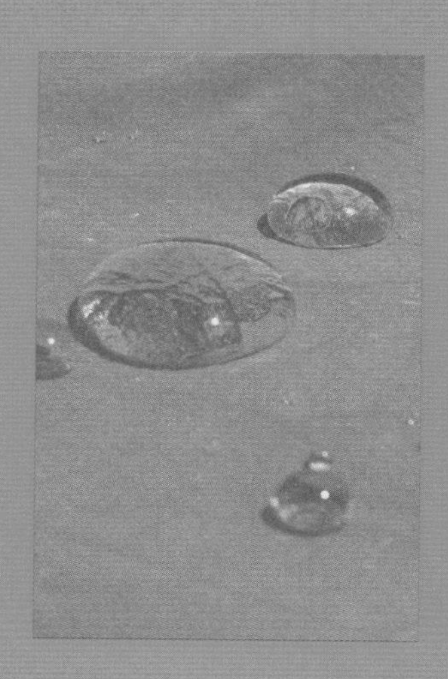

MATERIALS
SCIENCE

제 9 장 윙슈트

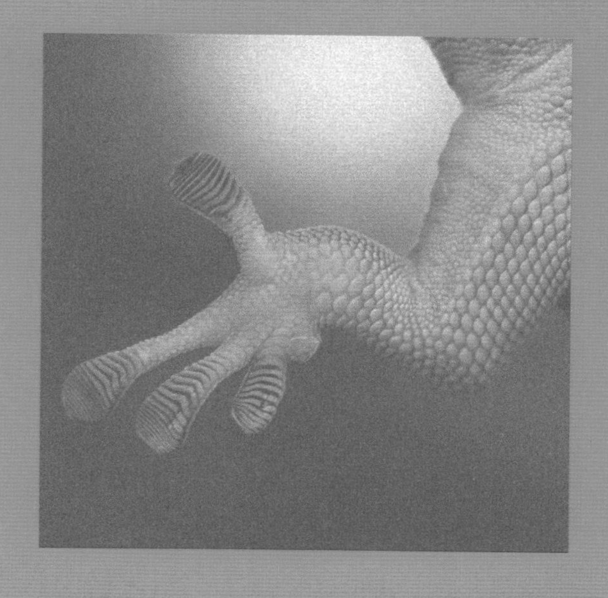

목숨을 걸다

목숨이 몇 개라도 모자랄 위험천만한 익스트림 스포츠에는 어떤 것이 있을까? 2017년 미국의 알렉스 호놀드가 요세미티 국립공원의 엘캐피탄루트(등반 등급 5.13a)를 맨손으로 등정에 성공해 세상의 모든 등반가를 경악시켰다.[1] 로프나 기타 안전 장비 없이 등반가의 신체 능력에만 의존해 홀로 암벽을 등반하는 형태를 프리 솔로 클라이밍 또는 프리 솔로잉이라고 한다. 로프에 의존해도 극히 위험한 스포츠가 암벽 등반인데, 프리 솔로잉은 자그마한 실수로도 그 즉시 목숨을 내놓아야 한다(역설적으로 부상을 당할 확률이 0이다). 전 세계적으로 극소수만이 프리 솔로잉 등급을 갖고 있다.

이보다 더 많은 이가 시도하면서도 위험도에서 뒤지지 않는 스포츠로 윙슈트 플라잉이 있다. 스카이 다이빙에 만족을 하지 못한 다이버들이 베이스 점프라는 신종 스포츠를 개척하더니, 급기야는 박쥐의 날개와 유사한 천을 보호복에 덧대어 베이스 점프와 동시에 먼 거리를 날아가기 시작했다. 현

사진 9-1 윙슈트 플라잉

대식 윙슈트는 팔과 옆구리 사이, 허벅지 사이에 편평하게 늘어난 한 쌍의 **멤브레인**membrane 섬유가 양력을 생성시킨다. 단순한 자유 낙하가 아닌 활공 비행을 통해 비행시간을 연장할 수 있다. 다리를 사용해 비행 시 조향이 가능하다. 슈트의 기능이 향상되면서 다이버들의 도전도 끝없이 극한을 치달았다. 예를 들면, 숲과 협곡을 근접 비행하기, 낙하산 없이 착지하기, 날아가는 비행기에 탑승하기 등이다.[2] 그중에서 압권은 2015년 이탈리아의 울리에마누엘레가 알프스에 있는 바늘귀라고 불리는 폭이 2미터에 불과한 암석 구멍을 통과한 사건이다.[3] 윙슈트 플라잉 역사상 가장 위험했던 도전이고, 그는 완벽한 비행을 위해 3년 동안 훈련을 했다. 통계는 윙슈트 플라잉 약 500회 중에 중상이 한 번 일어남을 말해준다.[4]

박쥐 슈트

윙슈트는 초창기에 다른 이름을 가졌었다. 최초의 상업용 윙슈트의 상표를 따서 '버드맨 슈트,' 날다람쥐의 날개막과 유사해 '다람쥐 슈트,' 박쥐의 날개가 지닌 기능을 물려받아서 '박쥐 슈트'라고도 한다. DC 코믹스의 슈퍼히어로인 배트맨의 망토도 박쥐 슈트인 셈이다. 〈배트맨 리턴즈〉에서 망토는 행글라이더 기능이 있는데, 단단한 날개는 착지 후 땅에서 앞으로 굴러갈 때 다시 접힌다. 2005년, 〈배트맨 비긴즈〉에서 망토가 일종의 윙슈트로 사용된다. 망토에 전류를 흘리면 **형상 기억 폴리머**shape-memory polymer가 박쥐 날개와 같은 형태로 정렬되어 배트맨이 고담시를 활공한다.

그림 9-1 DC 코믹스의 슈퍼히어로 배트맨

윙슈트 플라잉과 같은 신종 익스트림 스포츠가 등장한 배경에는 무엇보다도 튼튼한 재질의 옷감이 개발된 데 힘입은 바가 크다. 초기의 윙슈트는 캔버스, 목재, 실크, 철, 고래 뼈와 같은 재료를 사용했는데, 너무 무거워서 멀리 날지 못함이 당연했다. 현재에는 나일론으로 만든 립스톱ripstop 직물을 사용한다. 립스톱은 원사를 그물망처럼 엮은 얇은 원단에 굵은 실을 엮은 2차원 구조를 가진다.[5] 립스톱의 장점은 중량 대비 강도 비율이 크고, 약간 찢어져도 쉽게 파손으로 이어지지 않는다(바로 명칭이 의미하는 바다). 립스톱을 만드는 데 사용되는 섬유에는 나일론을 비롯해 면, 실크, 폴리에

사진 9-2 립스톱 직물

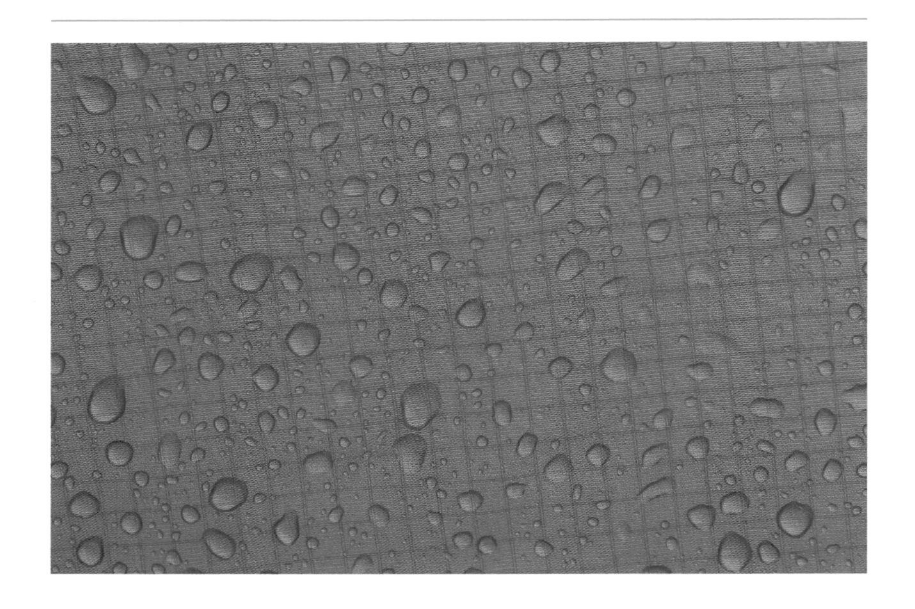

그림 9-2 립스톱 직물의 여러 가지 직조 형태

스터, 폴리프로필렌 등이 포함된다. 스카이다이버의 수직 낙하속도는 시속 200킬로미터를 넘나드는데, 소재 기술의 발달로 첨단 윙슈트를 착용하면 시속 40킬로미터로 감소한다. 노련한 다이버는 활공비glide ratio, 즉 전진 거리와 낙하 거리의 비율을 3:1까지 달성할 수 있다. 그런데 자연에는 매우 가볍고 얇은 날개로 자유자재로 비행하는 생명체가 있다. 바로 '박쥐 슈트'의 당사자인 박쥐다.

천연 멤브레인

박쥐의 날개 막은 튼튼하면서도 신축성이 강하다. 날개 막은 신체 피부의 연장선인데, 외부 표피와 근육을 포함하는 내부 진피층으로 구성된다. 두 층의 부드러운 피부 사이에 정맥과 모세혈관이 분포해 있다. 막이 매우 얇아서 멤브레인 날개라고 부른다. 막에 구멍이 나거나 찢어져도 회복력이 빠르다. 박쥐는 뛰어난 비행술에 의지해 살아가기 때문에 이는 놀랄 일이 아니다. 막이 자가 치유된다는 사실을 알지 못했을 때는 부상을 입은 박쥐를 불필요하게 안락사시키는 경우도 있었다.

사진 9-3 나무에 매달려 쉬고 있는 박쥐

날개 골격의 모든 요소는 다른 포유류의 앞다리 구조와 동일하다. 따라서 박쥐 날개는 먼 조상의 앞다리가

그림 9-3 박쥐 날개의 주름과 주요 부위를 묘사한 스케치

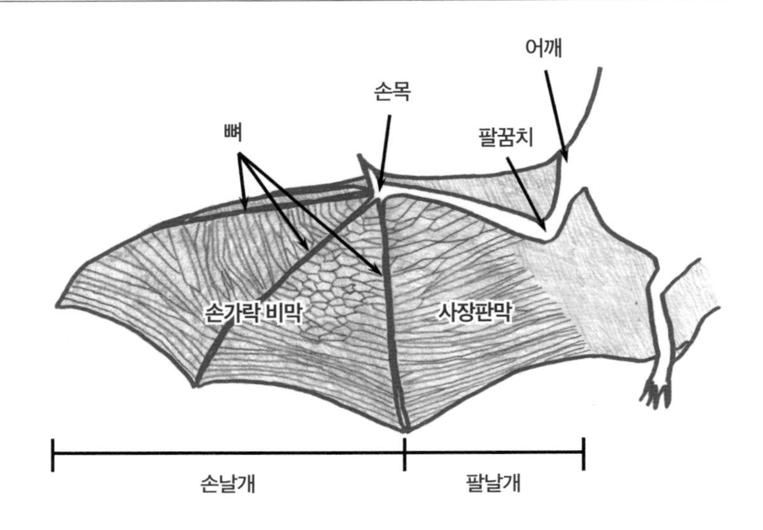

변형되어 진화한 결과라고 판단하고 있다. 모든 박쥐에는 날개 앞쪽 가장자리에 엄지손가락이 있다. 그곳에는 매달리기, 먹잇감 포획, 싸움 등에 사용되는 발톱이 있다. 박쥐목Chiroptera의 어원은 '손날개'인데, 박쥐의 기능적인 날개 성능과 박쥐의 비행술을 의미하고 있다. 박쥐 날개는 일반적으로 어깨 부분에서 발목까지, 어떤 경우에는 손가락 자체까지 이어진다. 날개 막은 등의 중앙 근처에서 발생하는 몇 가지 경우를 제외하고 대개는 측면을 따라 몸체와 연결되어 있다.

박쥐의 얇은 날개를 자세히 들여다보면 가는 주름으로 덮여 있다. 그림 9-3은 날개의 미세 조직을 개략적으로 보여준다. 날개에 표시된 가는 선들은 단백질의 일종인 엘라스틴elastin 섬유질 근육이다. 엘라스틴 섬유는 무작위로 배열된 조금 더 딱딱한 콜라겐collagen 섬유질 기지에 박혀 있다. 박쥐

날개의 뛰어난 신축성은 바로 이와 같은 이중 조직에 기인한다.[6] 날개의 재질은 곤충 날개의 큐티클cuticle이나 조류 깃털의 케라틴보다 훨씬 유연하다. 멤브레인의 두께는 130~300마이크로미터이며, 다른 포유류의 피부보다 월등히 얇다. 엘라스틴 섬유는 콜라겐 기지를 잡아주는 역할을 한다. 날개가 접혀 있을 때 표면에는 잔주름이 접힌다. 날개를 펴면 엘라스틴 섬유가 활짝 펴지면서 주름이 없어지고, 그 사이의 콜라겐 기지는 팽팽해져서 비행에 필요한 강성을 얻는다.

여기서 오해하기 쉬운 점이 있다. 엘라스틴 섬유가 배열된 방향과 수직으로 당기면 더 잘 늘어날 것이라는 착각이다. 실제로는 그림 9-4에서 보는 바와 같이 섬유의 배향과 같은 방향으로 인장 힘을 가했을 때 수직 방향보다 세 배에 가까운 신장률을 보인다.[6] 그 이유는 수직 방향으로 힘을 받을 때 날개 조직이 약해서 더 작은 힘으로도 찢어지기 때문이다. 즉, 박쥐의 날개

그림 9-4 박쥐 날개의 주름(엘라스틴 섬유) 방향에 따른 신축성 변화

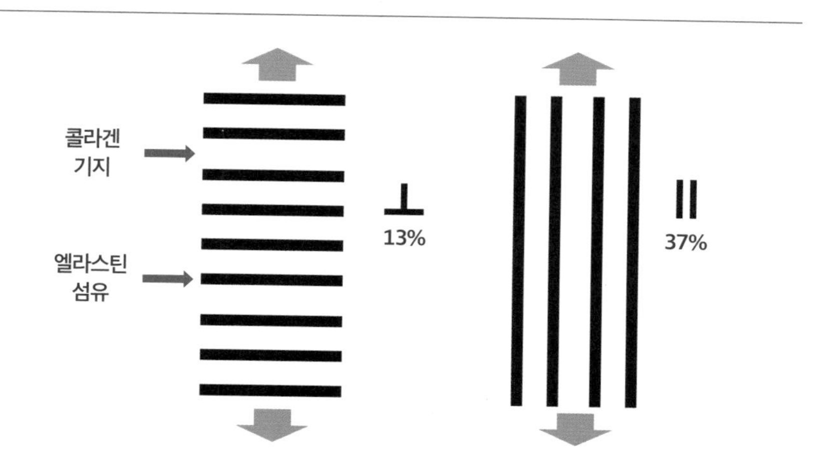

의 기계적 특성은 조직의 방향에 따라 달라지는 **이방성**anisotropy을 나타낸다.

조류를 비롯해 날개를 가진 생물의 비행을 평가하는 기준으로 비행 속력에 대한 날갯짓의 속도 비율을 사용한다. 보통 조류는 0.25에서 0.35 정도로 좁은 범위의 값을 가진다. 이는 적은 추진력으로 효율적인 이동을 보장하는 값이다. 그런데 많은 종류의 박쥐에 대해 분석한 결과 박쥐는 조류와 비슷하거나 훨씬 커서 1에 가까운 값을 보이는 종류도 있다.[7] 멤브레인 날개가 가볍고 얇기 때문에 빠른 날갯짓이 가능한 것이다. 박쥐는 기동성이 뛰어나며 대부분의 새보다 비행에 더 민첩하다. 박쥐는 비행에 의존하는 다른 생명체와 구별되는 이단아다.

야간 비행

동물 피부의 태양광 흡수율은 0.2~1.0(20~100퍼센트) 사이이다. 나머지 광은 피부에서 반사되거나 투과한다. 온대지방 동물의 검은 피부색은 태양광의 흡수를 높여 신진대사를 도와준다. 이와 반대로 고온의 열대지방에서는 화려한 색상의 동물이 빛을 잘 반사시켜 유리하다. 얼룩말 핀치새를 검은색으로 염색했더니 흡수율이 0.24에서 0.59로 높아짐을 알았다(과학자들은 궁금증을 해결하기 위해 별별 실험을 한다). 체온이 올라가서 새들이 견딜 수 있는 주위 온도가 섭씨 30도에서 12.5도로 낮아지는 부정적인 결과가 나타났다.

신진대사에 영향을 미치는 요인은 태양광만이 아니라 체내에서 생성되는 열도 포함한다. 특히 비행이라는 행동은 기저 대사에 비해 열네 배나 많은 에너지가 소모된다. 우리가 격한 운동을 하면 거친 호흡과 함께 다량의

사진 9-4 호주와 인도네시아 등지에서 서식하는 얼룩말 핀치새

땀이 배출되는데, 이는 열을 발산시키기 위한 대사 작용이다(강아지는 피부 호흡을 하지 못해서 과한 운동을 시키면 죽을 수도 있다!). 따라서 낮에 날아다닌다면 이상 고열hyperthermia을 일으킬 가능성이 높고, 이는 대부분의 박쥐가 주로 야간에 활동하는 이유이기도 하다.* 박쥐의 시력은 의외로 좋다. 충분히 야간 비행을 할 실력이다. 그런데 먹잇감을 추적할 때는 시각보다 성능이 뛰어난 초음파 대역의 청각을 이용한다.

박쥐의 날개가 신진대사에 어떠한 방식으로 작용하는지 궁금하다. 박쥐는 평소에 이상 고열을 일으키는 치명적인 온도보다 약간 낮은 상태로 체온을 유지하기 때문에 비행 중에 체온이 올라가면 큰일 난다. 우선 날개가 매

* 물론 낮에 활동하는 박쥐도 있다. 이들은 상대적으로 밝은색을 띤다.

우 얇아서 빛이 쉽게 투과함은 유리한 점이다. 한편으로 넓은 날개는 열을 발산시키기에 유리하지만, 동시에 태양광도 많이 받아들이는 양면성을 갖고 있다.

죽은 박쥐의 날개와 산 박쥐의 날개를 비교하니, 죽은 박쥐는 흡수율이 0.82, 산 박쥐는 0.68로 나타났다.[8] 이 차이는 몇 가지 측면에서 해석할 수 있다. 우선 박쥐에게는 날개 내의 혈관을 통한 냉각이 매우 중요하다. 액체(혈액)가 순환하면서 열을 빼앗아 간다. 호흡을 통한 열 배출은 14퍼센트밖에 안 된다. 죽은 박쥐의 날개에는 피가 흐르지 않으므로 흡수율이 높게 나타났다. 두 번째로 살아 있는 피부의 기름기는 반사율을 높여준다. 피부 기름의 유무로 인한 반사율 차이는 네 배에 달한다. 마지막으로 날개의 구조가 중요한 영향을 미친다. 박쥐가 날개를 접고 쉬고 있을 때는 날개에 주름이 지면서 막이 두꺼워진다. 이 경우의 광 흡수율은 0.95에 달하고, 박쥐의 평소 체온을 결정짓는 조건이 된다. 비행에 나서면 주름이 펴지면서 흡수율은 접혔을 때보다 30퍼센트 감소한다. 박쥐는 과도한 체온 상승의 위험에서 벗어난다.

핼러윈

핼러윈은 서구 기독교 문화권에서 10월 31일에 행하는 일종의 축하 행사다. 기독교 또는 이교도와 관련되어 성인, 순교자, 세상을 떠난 신자 등 죽은 자를 기억하는 축제인데, 대중문화에서 이날은 초자연적인 공포를 기념하는 날로 자리매김했다. 핼러윈에는 박쥐, 검은 고양이, 거미 등과 같은 동물과

사진 9-5 핼러윈 이미지

관련된 미신이 많이 있다. 이 동물들은 핼러윈 이야기에서 사악하거나 불운한 것으로 묘사된다.

그런데 박쥐는 왜 핼러윈의 상징이 되었을까? 우선 온대지방에 사는 박쥐는 야행성이다. 밤의 어둠 속에서 활동하는 동물은 죽음과 연관 짓기 쉽다. 많은 박쥐가 지하 세계가 연상되는 동굴에 산다는 점도 작용한다. 흡혈박쥐가 발견된 이후 시작된 뱀파이어라는 민간 전설은 '밤에 활개 치는 날개 달린 생물'을 어둠의 신화에 포함시켰다.

박쥐는 새끼를 낳고 젖을 먹이는 포유류다. 당연히 항온 동물이다. 이들은 무리를 지어 함께 생활하는 매우 사교적인 동물이다. 지능이 뛰어나며, 최대 30년에 이르는 긴 수명을 가진다. 어둠의 상징이 되어버린 박쥐는 억울하다. 야간에 비행하는 행태는 다 이유가 있어서다. 모든 생명체의 행태는 먹고살기 위함이 아니겠는가?

용어 해설

멤브레인

멤브레인은 얇은 선택적 막을 의미한다. 멤브레인은 분자, 이온, 작은 입자 등의 특성에 따라 어떤 것들은 통과시키지만 다른 것들은 거른다. 생물은 다양한 멤브레인을 활용한다. 특정 성분의 통과를 허용하는 세포나 소기관의 외부 덮개인 세포막, 진핵 세포에서 핵을 둘러싸는 두 개의 지질 이중층 막인 핵막, 점막, 장막과 같은 조직막 등이 그것이다.

인간은 생물의 멤브레인을 모방해 여러 재질을 사용해 다양한 구조로 합성한다. 막의 선택성 정도는 기공 크기에 따라 달라진다. 기공 크기에 따라 미세여과MF; microfiltration, 한외여과UF; ultrafiltration, 나노여과NF; nanofiltration, 역삼투RO; reverse osmosis 멤브레인 등으로 분류된다.

이방성

단결정 재료가 있다. 가장 단순한 입방cubic 구조(x, y, z 방향의 격자 상수가 동일하고, 축 간 각도가 90도인 결정 구조)라고 해도 축 방향과 대각선 방향으로의 원자간 거리가 다르고, 주변에 위치한 원자의 배열이 다르다. 따라서 어느 물성을 결정 방향을 바꾸어가면서 측정하면 값이 다르게 나올 수 있다(항상 그런 것은 아니다). 이처럼 공간 방향에 따라 물성이 변하는 현상을 이방성이라고 한다. 결정 구조가 복잡할수록 이방성을 보일 확률이 높다.

본질적으로 이방성은 결정질에서 나타난다. 재료가 무정형이라면 이방성이 없다. 그림 9-5

그림 9-5 결정질 실리카(왼쪽)와 비정질 실리카(오른쪽)의 모형

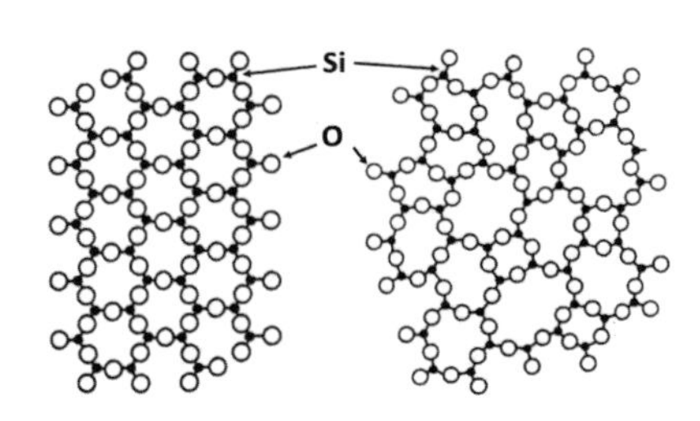

는 왼쪽의 석영(결정질 실리카)과 오른쪽의 무정형 실리카의 원자 구조를 2차원 평면으로 보여준다. 무정형 구조는 어느 방향으로 보더라도 원자의 배열과 간격이 무질서하기 때문에 이방성 물성이 측정되지 않는다.

형상 기억 폴리머

형상 기억 폴리머는 열이나 기계적 응력과 같은 외부 자극에 의해 일시적으로 변형되었다 하더라도 원래 형상으로 복귀하는 능력을 지닌 고분자 소재를 말한다. 즉, '가열과 소성 변형을 거친 후 유리 전이 온도 또는 용융 온도 이상으로 가열하면 원래 모양을 회복하는 폴리머'다. 온도 변화 이외에도 전기장, 자기장 등에 의해 형태 사이에 전이가 일어날 수 있다. 형상 기억 폴리머에는 열가소성 · 열경화성 고분자 재료가 포함되어 있고, 이들이 상호 작용해 원래의 형태를 찾아간다.

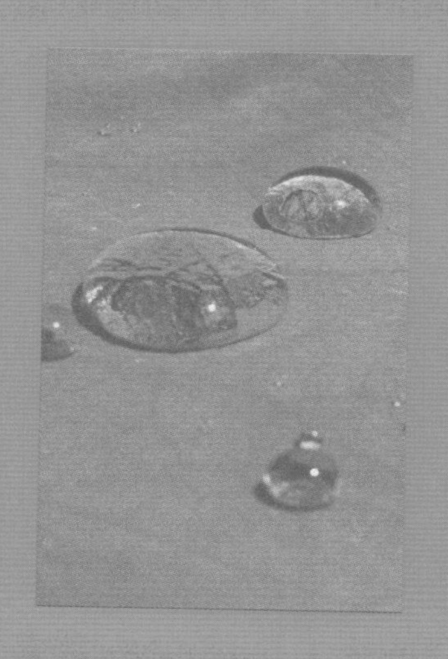

MATERIALS
SCIENCE

제 10 장 얼어붙은 눈물

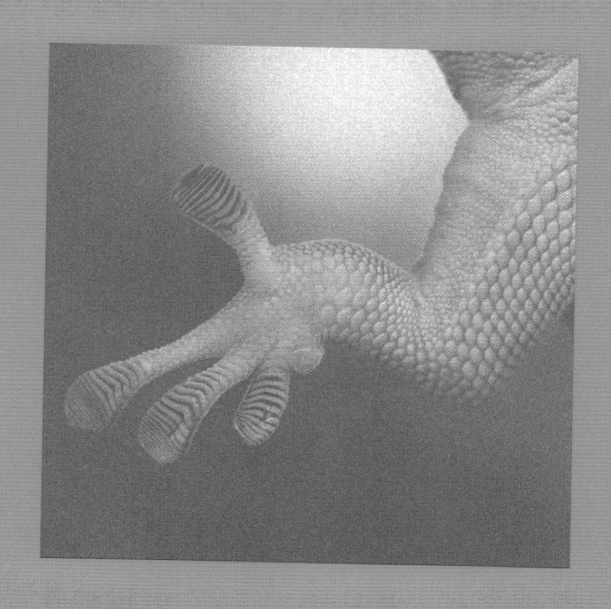

보석 아닌 보석

우리는 반짝이는 돌을 보석이라고 부른다. 조금 더 정확히는 보석이란 자연에서 채취하거나 인위적으로 합성한, 희귀하고 모양이 예쁘면서 내구성을 갖춘 고가의 광물을 지칭한다.* 화학적으로 분류하자면 산화물oxides, 탄산염carbonates, 인산염phosphates, 규산염silicates 등이 있다. 우리가 흔히 들어본 루비, 사파이어, 에메랄드, 오팔, 토파즈, 석영 등이 이에 속한다. 특이하게도 보석 중의 보석인 다이아몬드는 비금속 원소인 탄소만으로 이루어져 있다. 탄소는 **공유 결합**covalent bonding을 해 **경도**hardness가 가장 높으면서 굴절률이

그림 10-1 컷팅된 다이아몬드 이미지

* 상품으로 거래되는 보석은 gem이고 보석을 함유한 다듬어지지 않은 광물을 gemstone이라고 하는데, 우리말은 모두 보석이다.

높다.*[1)] 굴절률이 높다는 것은 우리 눈에 더 반짝이게 보이는 물질이라는 의미다. 그리고 다이아몬드의 모양은 아무 이유 없이 만들어진 것이 아니다. 다이아몬드로부터 관찰자의 눈으로 더 많은 빛이 반사되어 들어오도록 디자인한다(용어 해설의 **내부 반사**internal reflection 참조).

이상의 보석은 모두 **무기 물질**inorganic materials로서 지각 내에서 만들어진다. 그러면 **유기 물질**organic materials은 보석이 될 수 없는가? 그렇지는 않다. 송진이 굳어져 만들어진 호박은 보석으로 취급한다. 바다에서 채취하는 산호와 진주는 탄산칼슘이 주성분이고 약간의 유기물이 포함되어 있는데, 우리는 이것들도 (유기질) 보석이라고 부른다. 그럴 만한 가치가 있어서다. 바로 희소성과 아름다움 때문이다. 진주는 예로부터 '진귀한 것 중에 최고'라고 불렸는데, 그 이유는 여러 지역의 거친 바다를 탐험해야만 구할 수 있었기 때문이다. 그림 10-2는 천연 진주가 채집되는 대표적인 해역을 보여준다.[2)] 세계에서 가장 오래된 천연 진주는 아부다비 해안의 탄소층에서 채집된 '아부다비 진주'다. 탄소층은 기원전 5800~5600년의 신석기 시대로, 인간은

사진 10-1 양식 흑진주

흑색이라고 해도 은색, 은청색, 갈색, 녹색, 금색 등을 바탕으로 하고 있다.

* 루비와 사파이어의 모물질인 알루미나(Al_2O_3)의 굴절률은 1.769인데 비해 다이아몬드 원광의 굴절률은 2.419다.

그림 10-2 천연 진주가 채취되는 해역이나 내륙 지역을 표시한 세계 지도

녹색은 담수 진주, 파란색은 바다 진주가 채집되는 지역을 나타낸다.

매우 오래전부터 진주를 채취해왔다.

일반적으로 어느 보석이라고 하면 특정한 색상을 떠올릴 수 있지만, 진주는 매우 다양한 색을 자랑한다.[3] 백색으로부터 흑색까지, 그리고 핑크, 보라, 녹색, 유백색, 회색, 갈색, 파랑, 노랑, 금색 등등 여러 빛깔로 뭇 여성을 유혹한다. 그런데 진주가 만들어지는 과정을 들여다보면 우리는 마냥 그 아름다움에 취해 있을 수만은 없다.

불순물

진주에 대한 인식은 다양하다. 그리스인들은 진주를 바다의 번개로 여겼다. 진주가 생성되는 원리를 몰랐던 학자들은 7세기까지도 진주를 조개가 포획

한 이슬방울이 굳어진 것이라고 믿었다. 고대 로마인은 진주를 '신의 얼어붙은 눈물the frozen tears of gods'이라고 불렀다.[4] 여기서 유래해 서양에서는 결혼할 때 어머니가 시집가는 딸에게 진주를 주는 풍습이 있다. 바로 '얼어붙은 눈물'이라는 의미로, 결혼 생활을 참고 견디라는 당부인 셈이다. 이는 매우 의미심장한 표현이다. 왜냐하면 진주는 수년간에 걸쳐 조개가 자신의 몸 안으로 들어온 불순물을 처치하고자 눈물겹게 싸운 결과물이기 때문이다.

조개 안으로 들어온 모래 알갱이와 같은 불순물을 배출하지 못하면 조개는 자신을 이물질로부터 보호하려 생체 작용을 시작한다.* 조개는 외부 자극에 의해 비정상적으로 물질을 분비한다. 외부 상피mantle 조직 세포에 진주 주머니pearl sac를 형성하고 탄산칼슘과 콘키올린conchiolin을 분비해 자극 물질을 덮는다. 탄산칼슘은 단단한 조개껍데기를 구성하는 주요 물질이다. 콘키올린은 연체동물의 외부 상피에서 분비되는 복잡한 단백질이다. 이들 단백질은 유기 거대분자의 일부로서, 탄산칼슘 결정의 핵이 생성하고 성장하는 미세 환경을 만들어준다. 또한 생성된 탄산칼슘 결정들을 서로 접합시킴으로써 진주에 강도를 부여한다. 이러한 분비 과정이 여러 번 반복되어 불순물 주위로 탄산칼슘과 콘키올린의 복합체가 쌓이면서 진주가 생성된다. 두께가 약 500나노미터인 결정이 하루에 4, 5층 형성되므로 직경 2.5밀리미터인 진주로 성장하려면 약 1년 반이 소요된다.[5]

땅 밑에서 오랜 시간 동안 고온, 고압으로 만들어지는 광물 보석에 비하면 진주의 생성 기간은 훨씬 짧다. 그렇지만 진주는 살아 있는 생물이 수년

* 최근 질병이나 기생충에 대한 반응이 진주 생성에 더 중요한 역할을 한다고 밝혀졌다.

간 방어기제를 작동해 얻어낸 산물이고, 이를 인간이 채취하기 위해서는 막대한 시간과 노력을 기울여야 한다. 무엇보다도 천연 진주는 지름이 1에서 십수 밀리미터에 불과하고 그 모양이 불규칙한 것이 대부분이어서 구형의 천연 진주는 매우 비싸다.* 소량이지만 진주는 유기 물질을 함유하고 있다. 따라서 약 100에서 150년이 지나면 색이 바래기 시작한다. 그런들 어떠하랴. 우리의 수명은 그에 한참 못 미치니 진주의 아름다움을 만끽할 시간은 충분하다.

진주 목걸이

진주를 사랑한 유명 인사는 수도 없이 많다. 대영제국의 엘리자베스 여왕 1세, 마가렛 대처, 그레이스 켈리, 재클린 오나시스 등의 권력층 인사를 비롯해 엘리자베스 테일러, 오드리 헵번, 스칼렛 요한슨 등과 같은 당대의 여배우, 그리고 "여자에게는 로프와 진주 로프가 필요합니다"라는 코멘트를 날린 디자이너 코코 샤넬이 있다. 수많은 보석, 장신구, 신발, 의상, 명품백을 긁

사진 10-2 진주 목걸이를 착용한 1960년대의 아이콘 오드리 헵번

* 양식 진주라고 해도 색상과 크기에 따라 값이 100배나 차이 나기도 한다.

어모은 이멜다 마르코스는 "진주는 나에게 행운을 가져다준다"라고 했다. 고귀한 색채와 더불어 희소성을 갖춘 진주를 사랑하는 것은 죄가 아니리라. 단지 진주를 취한 방법이 문제다.

그런데 이들이 착용한 진주 목걸이를 유심히 살펴보라. 유난히 길거나 여러 줄로 포갠 목걸이를 착용하고 있음을 발견할 수 있을 것이다. 다이아몬드의 가치를 결정하는 가장 큰 요인은 무게다(물론 컷, 색상, 투명도도 중요하다). 무게는 캐럿carat이라는 단위로 측정되고, 1캐럿은 0.20그램이다. 다른 보석류와 금, 은과 같은 귀금속도 무게로 값을 매긴다. 진주의 가격은 무게의 제곱에 비례하는데, 이 값에 품질(색상이 가장 중요)과 관련된 가중치를 곱해 가격을 산정한다.[6] 진주 목걸이는 그 특성상 개별 진주가 몇 개 모여서 하나의 목걸이를 이루었는지가 중요하다. 즉, 어떤 등급의 진주알을 몇 개 사용하느냐에 따라서 목걸이의 값이 정해진다. 따라서 진주 목걸이의 길이(대략 진주의 개수에 비례한다)를 나타내는 특별한 용어가 존재한다.

진주 목걸이는 목에 걸었을 때 목에서 얼마나 낮게 매달려 있는지에 따라 이름을 붙인다. 칼라collar는 길이가 25~33센티미터인데, 목둘레를 감싸서 목 아래로는 그다지 늘어지지 않는다. 길이가 짧으므로 여러 가닥의 진주로 구성함이 보통이다. 초커choker는 길이가 35~41센티미터이고, 목 바로 아래에 자리 잡는다. 길이가 43~48센티미터인 목걸이는 프린세스princess라고 하고, 쇄골 바로 아래까지 내려온다. 마티네matinee는 50~60센티미터로 가슴 바로 위에 위치한다. 70~90센티미터인 오페라opera는 착용자의 가슴뼈 아래 부분에 도달할 만큼 길다. 가장 긴 115cm가 넘는 로프rope는 오페라보다 훨씬 길어서 배꼽 아래까지 내려온다(샤넬이 언급한 그 목걸이다). 목걸이의 길이를 선택했다면 그에 적합한 직경의 진주를 골라야 한다. 가장 인기 있는 길이는 거의 모든 의상에 어울리는 프린세스라고 한다.

벽돌 쌓기

진주는 민물에서 자라는 조개로부터 채취하는 담수 진주와 바다에서 서식하는 조개로부터 나오는 바다 진주로 나뉜다. 담수 진주 양식의 역사는 의외로 오래되었는데, 3000여 년 전으로 거슬러 올라간다. 이에 비해 18세기에 스웨덴의 식물학자 린네가 구형의 양식 진주를 생산한 이래[7] 상업성 있는 바다 진주의 대량 양식은 100년의 역사에 불과하다. 천연 진주를 찾는 사람이 많아지고 가격이 비싸지면서 양질의 진주 양식에 눈을 돌린 것은 필연이다. 양식 바다 진주는 아코야 진주Akoya pearl, 남양 진주South Sea pearl, 흑진주Black pearl 등으로 대별된다. 그림 10-3은 진주 양식 산업이 발달한 지

그림 10-3 진주 양식 산업이 활발한 지역을 표시한 세계 지도

역을 보여준다.[2]

이제부터 진주가 만들어지는 과정을 들여다보자. 먼저 두꺼운 조개껍데기를 골라 정육면체에 가까운 형태로 절단한 후 이를 구형으로 깎아낸다. 이것을 비드 핵bead nuclei이라고 하며, 조개 내에 이식하면 조개가 이물질로 인식하게 된다. 그림 10-4는 진주 양식이 이루어지는 3단계 과정을 묘사하고 있다.[6] 비드 핵을 넣어서 맨틀 조직에 있는 외투막 세포와 결합시킨다. 이식 단계에서 실패하면 진주는 성장하지 못한다. 이후 진주 주머니가 생성되어 비드 주위를 둘러싸게 되는데, 주머니 안에서 탄산칼슘과 단백질이 분비되어 결정 성장을 일으킨다. 이때 형성되는 탄산칼슘 결정은 아라고나이트aragonite 상이다. 아라고나이트의 결정 구조crystal structure는 **사방정계**orthorhombic이므로 각이 진 모양이다. 가는 침상 형태의 결정들이 여러 번에 걸쳐 **쌍정**twin을 이루면서 육각형과 유사한 모습으로 성장한다. 아라고나이트 결정들이 비드 핵의 표면에 차곡차곡 붙어서 진주가 성장하게 된다.

그림 10-4 진주층이 형성되는 단계

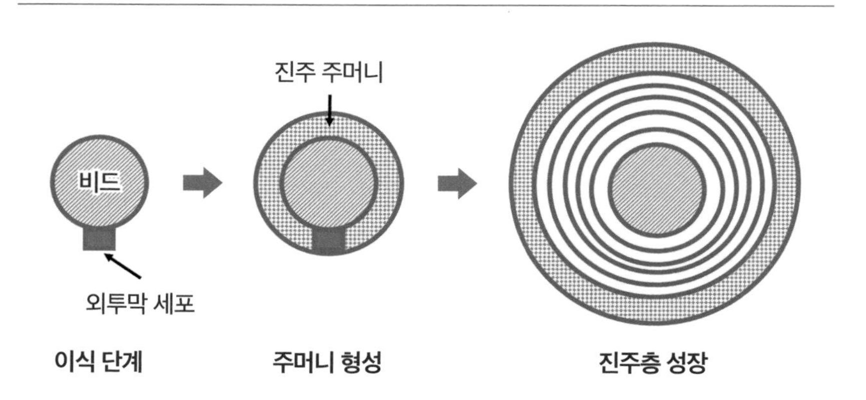

양식 진주 조개에 따라 얻을 수 있는 크기에 제한이 있다. 흑진주의 광택은 진주층의 두께가 1~2밀리미터로 성장했을 때 가장 빛난다. 따라서 무작정 키우다 보면 직경이 크더라도 상급의 진주를 얻을 수 없다. 큰 진주를 얻기 위해서는 두 번의 양식 과정을 거친다. 일단 8~10밀리미터로 성장한 진주를 채취하고, 그 자리에 조금 더 큰 진주를 이식해 2년을 더 키우면 직경이 15밀리미터 정도인 진주를 얻는다.[3)]

진주가 성장하는 과정을 조금 더 미세하게 분자 수준에서 들여다보자. 진주 주머니에서 분비되는 콘키올린 단백질은 아라고나이트 결정이 석출되는 **시드**seed를 제공함과 동시에 아라고나이트 결정의 배열 패턴을 정해준다. 가깝게 이어지는 여러 장소에서 시드를 중심으로 탄산 광물의 합성이 동시다발적으로 진행되고, 합성된 아라고나이트 결정이 일정한 두께로 성장한다. 콘키올린과 아라고나이트 결정이 분자간 힘에 의해 재배열되면서 일정한 모양의 층을 형성한다.[8)] 이러한 과정을 자가조립이라고 한다. 자가조립이란, 말 그대로 어떤 조건을 만족하면 외부에서 힘을 가하지 않아도 저절로 특정한 구조를 갖추는 현상을 의미한다(생명체는 거의 모든 조직을 자가조립에 의존해 만들어낸다). 이때 계에 작용하는 힘 중에서 어느 특정한 힘이 다른 것보다 일방적으로 크면 자가조립은 가능하지 않다. 오히려 여러 가지 힘들이 균형을 이루면서 상호작용한 결과로 특정한 방향성이 부여될 수 있으면 입자들이 그 방향으로 저절로 배열하게 된다. 다음 페이지 그림 10-5는 자가조립의 개념을 도식화한 것이다.

그림 10-6은 콘키올린과 아라고나이트가 자가조립되는 과정을 나타낸다. 진주층은 두께가 약 500나노미터인 아라고나이트 판상 결정 사이에 10

그림 10-5 자가조립의 원리

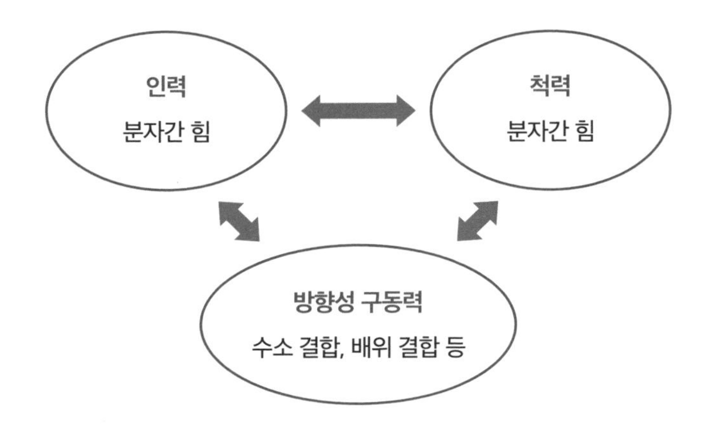

자가조립은 인력과 척력이 균형을 이루면서 전체적으로 방향성을 나타낼 때 일어난다.

그림 10-6 진주 주머니 안에서 콘키올린과 아라고나이트 결정이 자가조립되어 네이커 층을 형성하는 과정

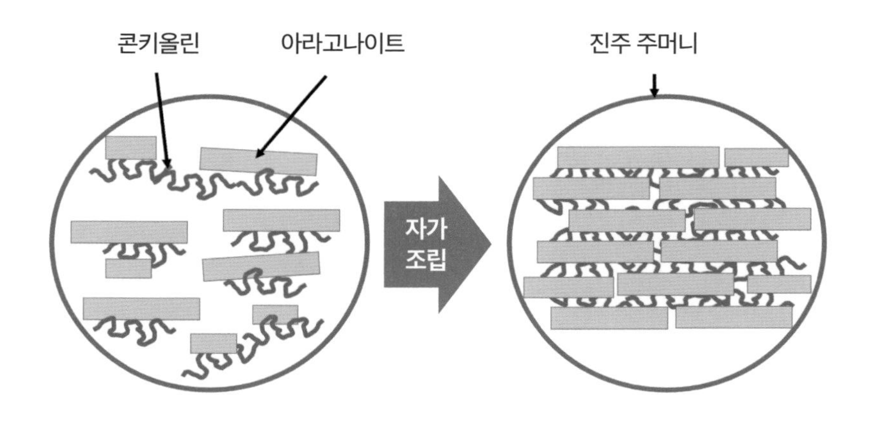

오른쪽 그림에서 아라고나이트 결정 사이의 간격은 실제보다 과장되었다.

에서 20나노미터 두께의 콘키올린이 접착된 구조를 가진다. 진주를 잘라서 관찰한 단면의 미세구조는 제3장의 사진 3-5와 전적으로 동일하다. 왜냐하면 조개가 자신을 천적으로부터 보호하기 위해 만드는 딱딱한 외부 껍질의 생성 과정과 내부로 들어온 이물질로부터 자신을 보호하기 위한 생리 작용이 다를 바 없기 때문이다.

광택이 나는 아라고나이트 결정의 층을 네이커nacre라고 한다.* 조개는 강한 압력에 견뎌야 한다. 무기 물질과 유기 물질의 복합 재료인 네이커 층은 **인성**toughness이 매우 높은데, 이는 단단하면서도 유연성을 갖추었다는 의미다. 초기에 비드 핵에 조립되는 네이커 층은 비드 표면 부위에 따라서 곡률의 차이가 크기 때문에 불규칙할 수밖에 없다. 그러나 약 200층이 쌓이면서 불규칙성은 해소된다. 만일 정상보다 두꺼운 아라고나이트 결정이 부착되면 그 위에는 얇은 결정을 부착함으로써 전체 네이커 층을 균일하게 조절한다.[5] 진주의 성장 과정은 마치 벽돌을 차곡차곡 쌓아서 집을 짓는 과정이라고 생각하면 되겠다. 어느 한 부분이 높아지더라도 다음번에는 높이를 균일하게 맞추지 않겠는가. 조적공이 하는 일을 비록 시간이 걸리지만 진주조개는 정확히 해낸다.

진주 양식에 들인 노고를 무시함은 아니지만, 그래도 소비자는 천연 진주의 가치를 훨씬 더 높게 쳐준다. 흑진주는 양식이라고 해도 고가이므로 착색 흑진주와 구별되어야 한다. 따라서 진주를 감별하는 방법이 필요하다.[6] 가장 간단한 방법은 루시도스코프lucidoscope로서 진주의 하단부로부터

---

* 전복의 안쪽 껍데기나 진주층 모두가 해당된다.

그림 10-7 천연 진주(왼쪽)와 양식 진주(오른쪽)의 아라고나이트 결정 배열의 차이를 나타내는 그림

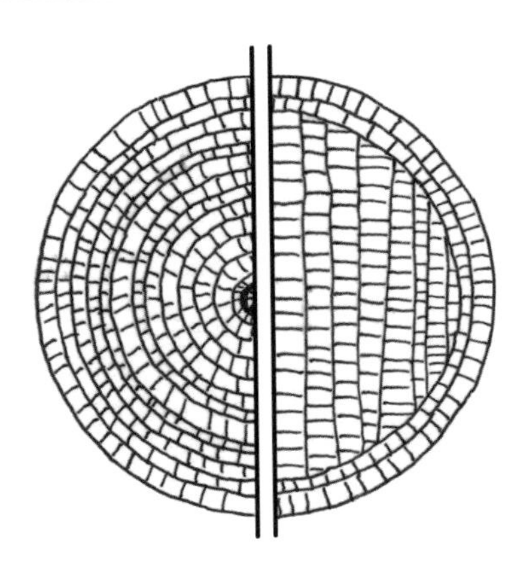

천연 진주는 네이커가 핵으로부터 동심원 형태로 성장한다. 그 반면에 양식 진주는 중심에 비드가 존재해 아라고나이트 결정이 특정한 방향으로 배향되어 있고, 외각 층만이 동심원을 향성한다.

강한 광을 조사해 진주를 투과한 광을 현미경으로 관찰한다. 이를 통해 코어와 연속층의 구조, 색상 등을 판별한다. X-선 촬영법radiography은 진주뿐 아니라 다른 보석류도 감정하는 기법이다. X-선의 투과도가 아라고나이트 결정과 콘키올린 사이에서 차이가 남을 이용해 네이커 층의 이미지를 얻는다. 한 번에 목걸이 전체를 감정할 수 있어서 신속하게 처리할 수 있다.

천연 진주와 양식 진주를 확실하게 감별하는 수단은 라우에그램Lauegram이다. 이는 단결정 시편에 적용하는 엑스선 회절법의 일종인 **라우에법**Laue method을 이용한다. 천연 진주는 거의 중심부로부터 네이커 층이 동심원을 그리면서 성장한다. 이에 반해 양식 진주는 중심부에 탄산칼슘 결정이 한 방향으로 배열된 비드를 갖고 있고, 네이커 층은 가장 바깥에 얇게 붙어 있다(그림 10-7). 따라서 천연 진주에 X-선을 조사하면 어느 방향에서나 동일

한 회절 패턴을 나타내는 반면에, 양식 진주는 90도 회전시켰을 때 회절 패턴이 달라진다. 최근에는 양식 기술이 발전해 점점 천연 진주와의 구분이 어려워지고 있다. 진주의 표면은 오염 물질에 의해 쉽게 변질되기 때문에 천연이건 양식이건 진주는 청결한 환경에서 보관해야 한다. 누군가가 자신이 가진 진주 목걸이를 함부로 보관한다면 십중팔구는 모조 진주일 것이다.

반짝임과 영롱함

다이아몬드의 아름다움이 강렬한 빛의 반사에서 비롯된다면, 진주는 은은한 광채가 눈을 사로잡는다. 진주는 6월의 탄생석인데 건강, 장수, 순결을 의미하고, 다이아몬드는 4월의 탄생석으로 불멸과 사랑을 의미한다. 여러모로 부드러움과 강렬함이 대비된다. 진주가 발휘하는 부드러운 색상 안에서 반짝이는 무지갯빛은 3장에서 다룬 구조색에 기인한다. 네이커는 다른 말로 'Mother of Pearl'이라고 하는데, 직역하면 '진주의 어머니'다. 진주로 입사된 빛이 네이커 층으로부터 반사, 굴절, 회절 등을 일으켜 우리 눈에는 은은한 광택과 함께 무지갯빛이 보이게 된다. 즉, 네이커 층이야말로 영롱함에 빛나는 진주의 핵심이므로 이러한 이름이 붙게 되었다.

그림 10-8을 보자. 네이커 표면에서 반사되는 빛은 반짝거림, 즉 광택을 만들어낸다. 공기와 아라고나이트의 계면에서 굴절되어 내부로 들어온 빛은 아래층에서 반사되어 우리 눈으로 되돌아온다. 이때 빛은 스넬의 굴절법칙을 만족시키는 경로를 따라가게 되는데, 네이커 층이 동그랗게 휘어져 있으므로 진주를 돌리면서 보면 다양한 각도에서 빛을 감지할 수 있다. 이와

그림 10-8 빛이 네이커 층으로부터 반사 또는 굴절되는 경로

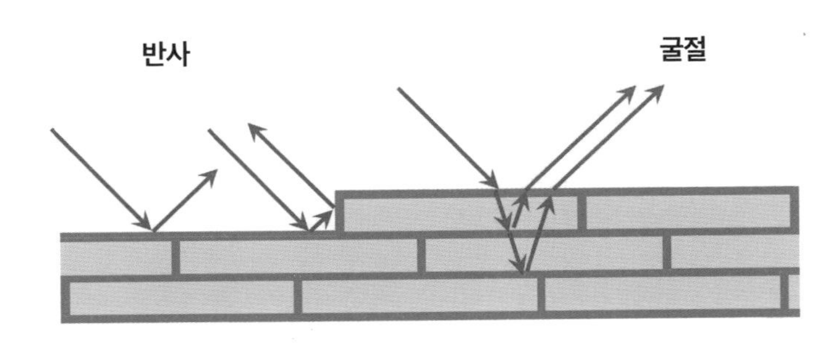

동시에 보강 간섭이 일어나서 특정한 각도에서 특정한 색상의 빛이 회절된다. 진주에 들어온 백색광은 이러한 여러 과정을 거쳐 찬란한 무지갯빛으로 바뀌어 우리 눈에 들어온다.

진주의 색상은 서식 환경에 좌우된다. 진주의 주 색상을 결정하는 요인은 단백질에 포함된 미량의 금속이다. 이들 원소는 서식지의 물에 포함되어 있거나 먹잇감으로부터 흡수되기도 한다. 바닷물의 염도도 관련이 있는데, 염도가 높으면 크림색이 강하다. 플랑크톤이 많은 바다에서는 옅은 녹색을 띤다. 수온이 높으면 조개의 신진대사가 활발해 진주층이 두꺼워지므로 색상에 관계없이 둔탁해진다. 채집한 진주를 인위적으로 채색해 상품성을 높이기도 한다. 이러한 후가공은 진주의 수명을 단축시킨다. 이는 마치 옷감을 염색하는 작업과 같다. 먼저 유기질 층에 붙어 있는 여분의 단백질이나 불순물을 표백 처리해 백색도를 높인 후 비드와 진주층 사이에 염료를 주입해 색상을 부여한다. 그러나 시간이 흐르면서 변색이 일어날 수도 있다. 가공을 거친 진주는 당연히 소비자에게 고지해야 한다.

역사를 바꾼 진주

『박물지Naturalis Historia』의 저자로 유명한 로마의 정치가이자 작가인 가이우스 플리니우스 세쿤두스는 그의 책에 기원전 이집트 프톨레마이오스 왕조의 마지막 군주인 클레오파트라 7세와 진주 사이에 얽힌 일화를 기록한 바 있다.[9] 당시 로마의 실력가 안토니우스는 클레오파트라가 자신의 적을 도와준 사실에 대해 항의하려고 이집트를 방문했다. 클레오파트라는 안토니우스의 마음을 돌리기 위해 꾀를 낸다. 클레오파트라는 자신이 얼마나 사치스러울 수 있는지 안토니우스와 내기하면서 귀에 걸고 있던 동방의 왕으로부터 받은 최상급 진주 두 개 중 하나를 식초에 녹여 마셔버렸다. 나머지 하나도 식초에 녹이려는 순간 심판관은 안토니우스의 패배를 선언했다. 안토니우스는 클레오파트라의 대범함에 자신의 마음을 뺏기게 된다. 이후 클레오파트라와 안토니우스는 수많은 역사의 한 가운데에 그들의 이름을 올렸다.

사진 10-3 클레오파트라의 청동상

식초는 부피 기준으로 5~8%의 아세트산과 향료를 비롯한 미량의 화합물을 함유한 수용액이다. 아세트산은 약산의 일종이고, 진주의 주성분인 탄

산칼슘은 염기성 물질이다. 산성 물질과 염기성 물질의 중화 반응이 일어나 진주는 식초에 녹는다. 석회암 지대에 산성 지하수가 흐르면서 동굴이 생성되는 원리와 같다. 그러나 식초는 약산을 희석시킨 용액이기에 진주를 잘게 분쇄해 집어넣었다면 모를까 큰 진주가 전부 녹으려면 시간이 꽤나 필요하다. 클레오파트라가 진주가 녹기 전에 통째로 삼키는 트릭을 시전했을 가능성도 배제하지 못한다. 그렇다면 진주를 잃지 않고도 안토니우스의 마음을 얻은 셈이다. 다만, 진주는 광택을 빼앗길 뿐이다. 혹시 진주를 지니고 있다면 얼마나 빨리 녹는지 실험해보는 것은 어떠한가? 식초가 담긴 용기로 다가가는 손이 덜덜 떨린다면 전복 껍데기를 식초에 넣어보자. 진주나 전복이나 네이커인 것은 마찬가지니까.

용어 해설

경도

경도는 국부적인 작은 흠집과 같은 소성 변형에 견디는 재료의 기계적 성질의 하나다. 즉, 재료의 단단함을 말한다. 정량적 시험법이 개발되기 전에는 서로 다른 광물을 문질러서 상대적인 경도를 알아내는 모스 스케일Mohs scale을 사용했다. 지금도 모스 스케일은 물질의 경도를 직관적으로 나타내는 지표다.

경도 시험법에는 로크웰법, 브리넬법, 누프법, 비커스법 등이 있다. 각 방법은 누름자indenter의 형상과 누르는 하중에 의해 구별된다. 뒤의 두 가지 방법은 시편에 1~1,000g 정도의 작은 하중을 가하므로 미세경도 시험이라고 하며, 작은 부위의 경도를 측정하는 데 사용한다. 누름자에 하중을 가해 시편을 누르면 표면에 자국, 즉 압흔이 남는다. 경도값은 압흔의 길이와 가해준 하중을 사용해 계산한다. 재료의 여러 가지 기계적 물성 측정법 중에서 경도 시험법은 장치가 간단하고 시편 준비가 쉬워서 자주 사용하는 방법이다.

공유 결합

원자가 서로 결합하기 위해서는 전자가 특정한 역할을 해야 한다. 전자의 작용 방식에 따라서 결합의 종류가 달라진다. 각 원소는 종류에 따라 전자를 끌어당기는 정도, 즉 전기 음성도가 다르다. 공유 결합은 전기 음성도가 비슷한 원소 간의 결합에서 나타난다. 가장 간단한 수소 분자 H_2를 예로 들면, 각 수소가 가진 전자 1개를 수소 분자가 공유한다. 공유된 두 전자는 두 원자 모두에 속해 수소 이온을 결속시킨다. 공유된 전자쌍이 원자 사이에 위치하므로 공유 결합은 방향성을 가지게 된다.

그림 10-9 수소 분자의 공유 결합

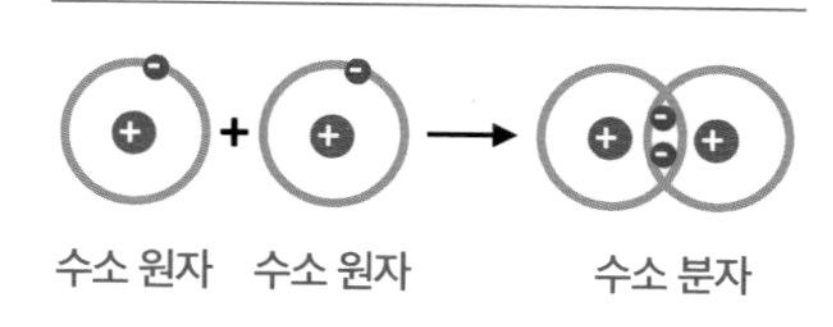

라우에법

라우에법은 단결정의 주기적인 배열에 따라 나타나는 회절 패턴을 검출해 단결정의 원자 구조를 알아내는 분석법이다(그림 10-10). 원리는 1장의 용어 해설에서 설명한 브래그 회절 법칙을 따른다. 즉, 단결정으로 입사된 X-선이 특정한 결정면과 브래그 회절 법칙을 만족한다면 그 방향으로 빔이 회절되어 스크린에 점으로 검출된다. 시편이 다결정이라면 결정립들이 다양한 결정 방향으로 배열되어 있기 때문에 해석하기 어려운 복잡한 패턴을 생성한다.

메조 크기

접두사 'meso-'는 중간, 중앙, 중위라는 의미다. 메조 크기는 사용하는 분야에 따라서 서로 다른 크기를 의미하는데, 재료과학에서는 보통 0.1부터 100마이크로미터 사이의 범주를 의미

그림 10-10 라우에법의 구성도

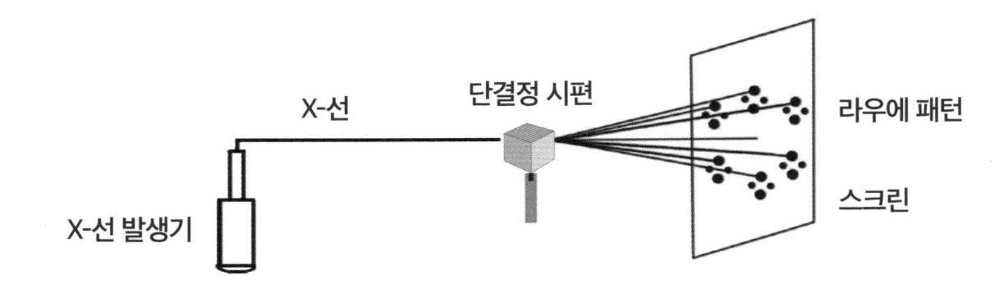

한다. 즉, 원자 스케일(0.1~100나노미터)보다는 크고, 매크로 스케일(0.1밀리미터 이상)보다는 작다.

내부 반사

가능한 많은 빛이 관찰자의 눈으로 들어오도록 다이아몬드의 면을 가공한다. 이 목적을 이루려면 다이아몬드로 들어온 빛이 내부에서 여러 번 반사되어 관찰자로 되돌아가도록 면의 각도를 조절해야 한다. 그림 10-11에서 보듯이 수직선에 대한 입사 각도가 34.5° 이내면 투과하고, 이보다 크면 반사한다. 이 각도는 다이아몬드의 굴절률로부터 계산된 것이다. 왼쪽 다이아몬드는 내부에서 반사를 일으켜 다시 위로 향하므로, 이를 바라보는 소유자의 눈으로 많은 빛이 들어온다. 이에 반해 오른쪽 다이아몬드는 내부로 들어온 빛이 반대편으로 투과해버리므로 반짝임이 덜하다. 독자는 이러한 원리를 모르더라도 다이아몬드라면 왼쪽의 디자인을 떠올릴 것이다. 왜냐하면 오른쪽처럼 납작한 다이아몬드는 본 적이 없기 때문이다.

무기 물질과 유기 물질

유기 물질은 단어가 의미하듯이 생명체의 구성 요소이거나 생명체의 활동에 관여하는 물질

그림 10-11 다이아몬드의 컷에 따른 빛의 진행 경로

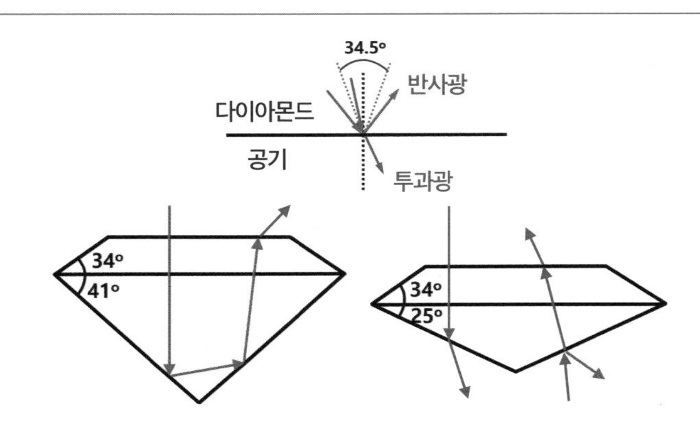

이다. 유기 화합물의 주 원소는 탄소와 수소로, CH 결합을 가진다. 여기에 산소를 비롯한 다른 원소가 결합한다. 무기 물질은 금속이나 세라믹과 같이 생명체와 직접적인 관계가 없는 물질이다. 단 생물의 뼈, 뿔, 치아와 같은 특정 부위에 무기 화합물이 유기 화합물과 공존한다. 무기 물질의 탄소는 금속 원소와 탄소가 결합한 탄화물 형태로 존재한다. 흑연처럼 탄소만으로 존재하는 물질도 무기 물질이다. 유기 물질은 공유 결합을 형성하는 반면에 무기 물질은 공유 결합을 비롯해 이온 결합, 금속 결합, 반데르발스 결합 등 다양한 방식으로 결합한다. 무기 화합물의 종류는 제한적이나, 유기 화합물은 지금도 끊임없이 새로운 물질이 합성되고 있어서 그 종류가 훨씬 많다.

사방정계

무기 물질은 구성 원자들이 특정한 구조를 가지도록 규칙적인 결합을 이룬다. 여기서 특정한 구조라 함은 원자가 배열되는 방식이 정해져 있고, 동시에 장거리에 걸쳐서 규칙성이 유지된다는 의미다. 3차원 공간에서 원자가 일정한 간격으로 반복될 때 그 간격을 격자 상수 lattice constant라고 한다. 물질의 원자 구조는 격자 상수와 함께 x, y, z 방향으로 기울어진 각도에 의해 7종류로 구분된다. 그중의 하나가 사방정계인데, x, y, z 각 방향의 격자 상수 a, b, c는 서로 다른 값이고, 각각의 축이 이루는 각도는 모두 90도다. 사방정계 물질은 그림 10-12와 같은 단위 구조가 3차원으로 이어지는 원자 구조를 가진다.

그림 10-12 사방정계 구조

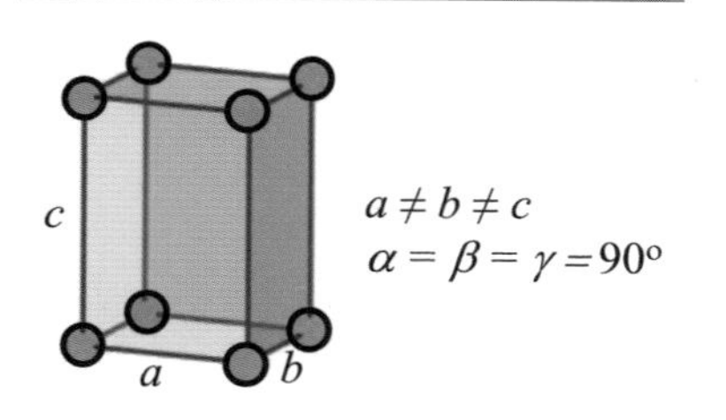

시드

단결정 재료를 성장시키고자 할 때 처음에 결정의 핵생성이 쉽게 일어나도록 성장 용기에 넣는 재료를 말한다. 융액 내에서 결정의 균질 핵생성보다 불균질 핵생성이 유리하다. 시드는 불균질 핵생성이 일어나는 계면을 제공한다. 성장시키고자 하는 것과 동일한 재료의 작은 단결정을 지지대에 부착한 후 융액에 담그면 시드 표면에서 핵생성과 성장이 일어난다. 지지대를 회전하면서 서서히 올리면 시드 밑으로 단결정이 붙어서 성장하게 된다.

그림 10-13 용융액에 결정 시드를 접촉시킨 후 단결정을 성장시키는 개념도

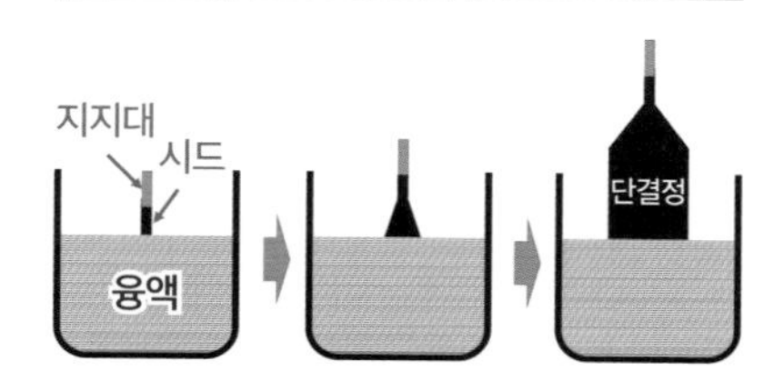

쌍정

쌍정은 동일한 광물이 두 개 이상의 인접한 결정면을 사이에 두고 대칭적으로 성장하는 형태

사진 10-4 쌍정을 이룬 석영 결정

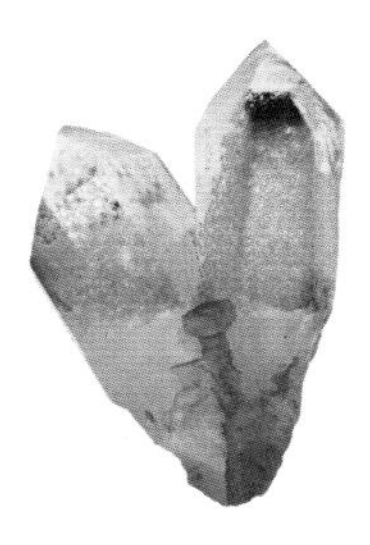

를 의미한다. 두 결정 조각의 상대적 방향은 무작위가 아니라 특정한 결정학적 관계를 나타낸다. 광물의 결정 구조에 따라서 쌍정의 형태가 달라진다. 따라서 쌍정의 형태로부터 광물의 종류를 유추할 수 있다. 사진 10-4는 석영의 쌍정을 보여준다.

인성

(파괴) 인성이란 재료에 균열이 전파될 때 균열에 대한 저항을 나타낸다. 재료를 어느 구조물에 사용하는 도중에 파괴가 일어나면 치명적이므로 높은 인성은 구조 재료에서 매우 중요한 요소다. 그림 10-14에서 보듯이 응력 대 변형 그래프의 아래 면적이 인성에 해당한다. 즉, 파괴가 일어나기 전까지 소성과 연성 변형을 통한 균열의 전파 에너지를 흡수하는 능력이라고 할 수 있다. A 재료는 B 재료에 비해 더 높은 응력을 가해야 파괴된다. 그러나 인성은 B가 훨씬 크다.

그림 10-14 인성의 개념

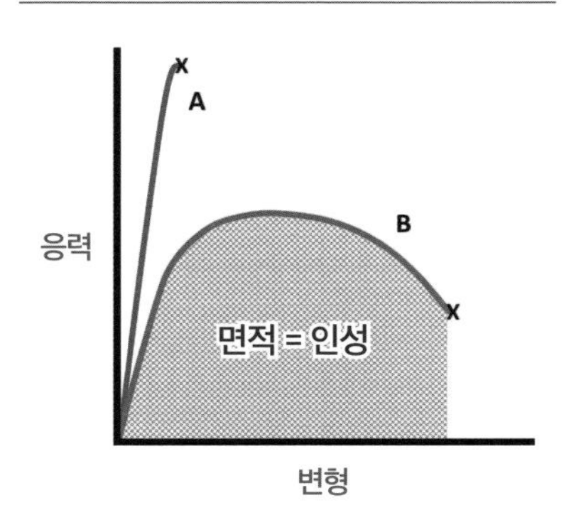

참고 문헌

제 1 장 육각형 집

1) 위르겐 타우츠 지음, 헬가 하일만 사진, 유영미 옮김, "경이로운 꿀벌의 세계-초개체 생태학," 이치사이언스, 2009
2) Y. Gaillard et al., Thermochimica Acta, **521**, 90-97 (2011)
3) 아이작 와츠의 시, "게으름과 장난에 반대하며"의 일부
4) B. L. Karihaloo, K. Zhang, J. Wang., J. R. Soc. Interface, **10**, 1-4 (2013)
5) F. Nazzi, Scientific Report, **6**, 1-6 (2016)

제 2 장 황금 코뿔소

1) https://rhinos.org/blog/how-long-can-a-rhinos-horn-grow/#:~:text=Acco rdi ng%20 to%20a%20study%20by,59%20inch)%20white%20rhino%20horn.
2) J. D. Pettigrew, P. R. Manger, Visual Neuroscience, **25**, 215-220 (2008)
3) A. Nasoori, Biol. Rev., **95**, 986-1019 (2020)
4) T. L. Hieronymus, L. M. Witmer, R. C. Ridgely, J. Morphology, **267**, 1172-1176 (2006)
5) D. K. Rajak et al., Polymers, **11**, 1667 (2019)
6) 프랑수아자비에 포벨 지음, 이한규·김정숙 옮김, "황금 코뿔소의 비밀," 눌민, 2019
7) 법정 역, "숫타니파타," 정음사, 2005
8) https://web.archive.org/web/20160207085924/http://news.nationalgeograp hic.com/2016/02/160206-American-trophy-hunting-wildlife-conservation/
9) http://www.well.com/user/davidu/extinction.html
10) 더글러스 애덤스, 마크 카워다인 지음, 강수정 옮김, "마지막 기회라니?" 홍시커뮤니케이션, 2010

제 3 장 무지갯빛

1) https://www.butterflyfarm.co.cr/

2) https://www.magazinehorse.com/en/million-beetles-in-the-royal-palace-of-brussels/

3) S. Kinoshita, S. Yoshioka, ChemPhysChem, **6**, 1442-1459 (2005)

4) S. Yoshioka, S. Kinoshita, Forma, **17**, 169-181 (2002)

5) L. P. Biró et al., Phy. Rev. E 67, 021907 (2003)

6) Color Pigments Manufacturers Association

제 4 장 소리로 이미지 그리기

1) 유치환 작사, 김대현 작곡, 1954년 발표

2) K. M. Stafford, C. G. Fox, D. S. Clark, J. Acoust. Soc. Am., **104**, 3616-3625

3) 매슈 러플랜트 지음, 하윤숙 옮김, "굉장한 것들의 세계," 5. 시끄러운 것들, 북트리거, 2021

4) 리베카 긱스 지음, 배동근 옮김, "고래가 가는 곳," 5장 고래 사운드, 바다출판사, 2021

5) J. Viegas, *Dolphines Talk Like Humans*, Discovery News, (September 24, 2011)

6) A. J. Corcoran, J. R. Barber, W. E. Conner, Science, **325**(5938), 325-327 (2009)

7) A. Crane, M. Ferrari, *The fishy problem of underwater noise pollution*, The Conversation, **9** April (2018)

8) V. Kaharl et al., *Sounding Out the Ocean's Secrets*, National Academy of Sciences, (March 1999)

제 5 장 물방울 굴리기

1) J. Shen-Miller et al., Am. J. Botany, **89**, 236-247 (2002)

2) 대한불교조계종 포교원 편찬, "불교개론," 조계종출판사, 2013

3) W. Barthlott et al., Flora (Jena), **191**, 169-174 (1996)

4) H. J. Ensikat et al., Beilstein J. Nanotechnol., **2**, 152-161 (2011)

5) P. Wagner et al., J. Exp. Bot., **54**, 1295-1303 (2003)

6) M. Yamamoto et al., Langmuir, **31**, 7355-7363 (2015)

7) L. Feng et al., Langmuir, **24**, 4114-4119 (2008)

8) J. Guadarrama-Cetina et al., Eur. Phys. J. E, **37**, 109 (2014)

9) R. L. Devaney, "A First Course in Chaotic Dynamical Systems," Addison-Wesley Publishing Company, 1992

제 6 장 끈끈이

1) K. Autumn et al., Proc. Natl. Acad. Sci., **99**, 12252-12256 (2002)

2) E. Arzt, S. Gorb, R. Spolenak, Proc. Natl. Acad. Sci., **100**, 10603-10606 (2003)

3) W. R. Hansen, K. Autumn, Proc. Natl. Acad. Sci., **102**, 385-389 (2005)

제 7 장 소총수의 고뇌

1) 폴 록하트 지음, 이수영 옮김, "화력," 레드리버, 2023

2) 카를로 치폴라 지음, 최파일 옮김, "대포, 범선, 제국," 미지북스, 2010

3) 한영식 지음, 이승일 사진, "딱정벌레 왕국의 여행자," 사이언스북스, 2004

4) J. Dean et al., Science, **248**, 1219-1221 (1990)

5) J. Dean, J. Comp. Physiol., **135**, 41-50 (1980)

6) 가노 요시노리 지음, 신찬 옮김, "총의 과학," 보누스, 2021

7) 패트릭 아리 지음, 김주희 옮김, "자연은 언제나 인간을 앞선다," 13장 폭탄먼지벌레와 고효율 내연기관, 시공사, 2023

8) 토마스 아이스너 지음, 김소정 옮김, "전략의 귀재들 곤충," 삼인, 2006

9) http://www.talkorigins.org/faqs/bombardier.html

제 8 장 투명 털옷

1) https://en.wikipedia.org/wiki/Churchill,_Manitoba

2) 남종영 지음, "북극곰은 걷고 싶다," Chapter 1 북극곰은 얼음 위를 걷고 싶다, 한겨레출판, 2009

3) https://polarbearsinternational.org/polar-bears-changing-arctic/polar-bear-facts/adaptions-characteristics/

4) 노베르트 로징 사진·글, 이순영 옮김, "북극곰," 북극곰, 2012

5) https://polarbearsinternational.org/news-media/articles/what-does-polar-bear-fur-feel-like

6) M. Q. Khattab, H. Tributsch, J. Adv. Biotechnol. Bioeng., **3**, 38-51 (2015)

7) Q. Wang, J-H. He, Z. Liu, Front. Bioeng. Biotechnol., **10**, 1-6 (2022)

8) 서울과학기술대학교 신소재공학과 류도형 교수 제공

9) Y. Cui et al., Adv. Mater., **30**, 1706807 (2018)

10) https://www.nwf.org/Educational-Resources/Wildlife-Guide/Mammals/Polar-Bear

제 9 장 윙슈트

1) https://www.youtube.com/watch?v=skeYfZRz2Qo

2) https://enjoyfreefall.com/the-most-insane-wingsuit-stunts/

3) https://www.youtube.com/watch?v=-C_jPcUkVrM

4) https://journals.lww.com/cjsportsmed/abstract/2012/05000/the_epidemiology_of_severe_and_catastrophic.10.aspx

5) https://ufpro.com/blog/materials-breakdown-ripstop

6) J. A. Cheney et al., J. R. Soc. Interface, **12**, 20141286 (2015)

7) M. Lauber, G. D. Weymouth, G. Limbert, J. R. Soc. Interface, **20**, 20230466 (2023)

8) S. C. Thompson, J. R. Speakman, J. Comp. Physiol., **169**, 187-194 (1999)

제 10 장 얼어붙은 눈물

1) C. B. Carter, M. G. Norton, "Ceramic Materials Science and Engineering," 36 Minerals and Gems, 2nd Ed., Springer, 2013

2) N. H. Landman, P. M. Mikkelsen, R. Bieler, B. Bronson, "Pearls: A Natural History," Harry N. Abrams, Inc., 2001

3) 박흥식 · 김한준 지음, "바다가 만든 보석, 진주," 지성사, 2013

4) https://www.thefreelibrary.com/Pearls-the+frozen+tears+of+gods%3A+for+more+than+4%2C000+years%2C+the...-a0203482105

5) J. Gim et al., Proc. Natl. Acad. Sci., **118**, 1-8 (2021)

6) J. Taburiaux, "PEARLS: Their Origin, Treatment and Identification," Chilton Book Company, 1985

7) https://www.winterson.co.uk/blog/2013/09/a-peek-at-the-pearls-of-carl-linnaeus/

8) J. H. E. Cartwright, A. G. Checa, J. R. Soc. Interface, **4**, 491-504 (2007)

9) 가이우스 플리니우스 세쿤두스 원작, 존 화이트 엮음, 서경주 옮김, "플리니우스 박물지," 노마드, 2021

찾아보기

ㅅ

ㅇ

ㅈ

ㅊ

ㅋ

ㅌ

ㅍ

ㅎ